• 探秘“爱丽丝的兔子洞”
• 开启思维跨界奇妙之旅

为什么
只见树木不见森林

IM WALD
VOR LAUTER
BÄUMEN

[德]迪尔克·布罗克曼/著
Dirk Brockmann
周卫东/译
赵浠彤/审校

中国出版集团
中 译 出 版 社

著作权合同登记号：图字 01-2023-0474 号

图书在版编目（CIP）数据

为什么只见树木不见森林 /（德）迪尔克·布洛克曼著；周卫东译. —北京：中译出版社，2024.1（2024.5重印）
ISBN 978-7-5001-7396-0

Ⅰ.①为… Ⅱ.①迪… ②周… Ⅲ.①系统科学—研究 Ⅳ.①N94

中国国家版本馆 CIP 数据核字（2023）第 061828 号

为什么只见树木不见森林
WEISHENME ZHIJIAN SHUMU BUJIAN SENLIN

策划编辑 范 伟　　营销编辑 白雪圆 郝圣超
责任编辑 范 伟　　封面设计 东合社 - 安宁
版权支持 马燕琦

出版发行 中译出版社
地　　址 北京市西城区新街口外大街 28 号普天德胜科技园主楼 4 层
电　　话 (010) 68005858, 68358224（编辑部）
邮　　编 100088
电子邮箱 book@ctph.com.cn
网　　址 http://www.ctph.com.cn

排　　版 北京竹页文化传媒有限公司
印　　刷 北京中科印刷有限公司
经　　销 新华书店
规　　格 880 毫米 ×1230 毫米 1/32
印　　张 9.125
字　　数 150 千字
版　　次 2024 年 1 月第 1 版
印　　次 2024 年 5 月第 2 次

ISBN 978-7-5001-7396-0 定价：79.00 元

中 译 出 版 社

谨以此书献给莉莉和汉娜

如果你是房间里最聪明的人，

那么你就进错房间了。

理查德·费曼（1918—1988），美国物理学家，

1965 年诺贝尔物理学奖获得者

人类狂妄地认为自己在对地球承担责任，这让我觉得可笑，这是无能为力者的说辞。我们的星球在照顾我们，而不是我们照顾它。我们膨胀的道德需求，试图驯服一个桀骜不驯的地球或治愈我们生病的星球的想法，只能展现出我们无限的自我欺骗。实际上，我们人类应当保护自己免受自己伤害。

我们必须诚实。我们必须摆脱人类这一物种所特有的傲慢。没有任何依据表明我们人类这个物种是独特的、被选中的，所有其他物种都是为我们而生的。也不能仅仅因为我们强大、为数众多且相当危险，就认为我们是最重要的一个物种。我们关于上天对人类特别眷顾安排的顽固幻想与我们作为直立行走的、弱小的哺乳动物的真实身份大相径庭。

——摘自《生物共生的行星》

美国生物学家林恩·马古利斯（1938—2012）

目　录

序 言

一起来吧

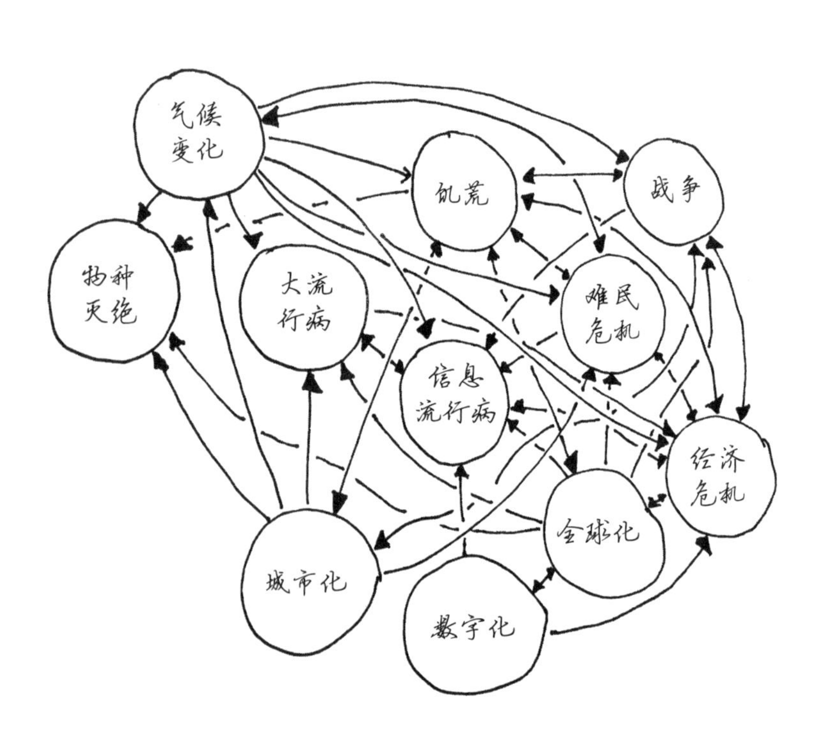

气候变化
饥荒
战争
物种灭绝
大流行病
难民危机
信息流行病
经济危机
全球化
城市化
数字化

欢迎来到本书的世界！马上你就会知道：本书的书名是一个比喻，尽管你在书中也会获取些许关于森林的知识，但你所阅读的并非一本关于森林的书籍。我们也曾考虑过其他的候选书名，例如:《复杂总比并不简单好》《像蘑菇一样钻研》《K》《复杂性》，除此之外还有一大堆，最终还是决定采用现在的这个书名。这里说的是“我们”，因为许多持有不同观点的人都参与了这一决定，包括家庭成员、朋友、出版社的编辑、同事，还有我的编辑和经纪人。在这个过程中，整个人脉网络活跃起来，大家共同合作，相互协调，发表不同意见，有时大家的决定会走向某一个方向，而有时又会倾向于另一个方向。但是无论如何，这本书还是必须由我自己写作完成。

如果你还记得目录内容的话，会发现我在上面那段的倒数第二句话中涵盖了本书数个核心章节的主题，包括复杂性科学、同步、网络研究、临界系统、临界要素、集体行为和合作，所有这些概念都有助于更好地理解我们的复杂世界。一句话概括：建立整体观、大局观就是要认识自然界中的复杂现象与复杂的社会进程之间的相似性，将两者建立关联，并且从这些关联中学习到一些有用的东西。

这听上去有些泛泛而谈和抽象，那么我举个例子：2008 年 9 月 15 日，美国投资银行雷曼兄弟公司申请破产，作为美国有史以来最大的和最具传统的银行之一，雷曼兄弟的崩塌将已持续一年的全球金融危机推向高潮，导致约 4 万亿美元的股票市值损失，并且引发世界经济的大震荡。雷曼兄弟遗留下 2 000 亿美元的债务，不得不在最短的时间内解雇约 25 000 名员工。在该事件之前，类似雷曼兄弟这样的投资银行自身都贴有“大而不倒”的标签。鉴于这样的公司在全球金融市场上的绝对分量如此之大，人们认为，国家干预会始终确保这样的公司不会走到破产的境地，毕竟破产所造成的后果将是灾难性的。时至今日，专业人士之间仍在争论不休，究竟是哪些机制和因素引发了这场危机，为什么没有人事先预见危机的到来，以及为什么即便是像艾伦·格林斯潘（曾担任美国联邦储备委员会主席至 2006 年）这样的众多世界上最杰出的经济学家也公开表示，当前的经济学理论、假设和方法还不足以反映现实。这种预感由来已久，因为早在 2006 年，也就是全球金融危机爆发的两年前，美联储就与美国最重要的科学院共同组织了一次会议，来自数学、物理学、经济学和生态学等领域的科学家和专家齐聚一堂，在会上就重新思考市场“系统性风险”的议题展开讨论，并且学习更好地理解在哪些条件下市场可能在短时间内被破坏和崩溃。在那次会议上，来自生态学领域的思想、认知和理论模型做出了重大贡献。自 20 世纪 70 年代中期以来，生态学领域关注的焦点问题始终是，哪些特性使得生态网络可以如此稳定。从某种意义上说，生态网络通过数亿年的存在已证明其稳定性。生态系统是一种高度动态、高度相互联系的、具有不均匀性的系统，可以快速适应不断变化的条件，即具有适应性，尽管经常受到高度破坏性的影响，仍能找到恢复平衡的方式。在会议上，生态学的许多认识被转化到经济学语境下，从而把表面上看似完全不同的经济学和生态学关联了起来。之后不久，著名科学家西蒙·莱文和罗伯特·梅（1936—2020）在一篇题为《银行家的生态学》的短文中讨论了其中的许多关联。

本书所围绕的中心就是这些建立在人们通常以为不相关的领域或现象之间的桥梁。西蒙·莱文和罗伯特·梅两人都是或者说曾是最杰出和最有影响力的科学家，他们研究探寻生物学和社会现象之间的相似之处，并启发了整整一代的复杂性科学家。两位中的一位原本是数学家，而另一位是理论物理学家，但他们最重要的著作发表在生态学、流行病学、社会科学和经济学领域。

如果有人问及我的教育背景或职业时，我现在的答案是:“我来自理论物理学领域。”我改掉了“我是物理学家”的习惯性回答。为什么？原因很简单。对于每一个表述，重要的是不仅说的准确，对方听到的也要准确。信息必须要在接收者的脑海中形成正确的形象。当回答“我是物理学家”时，生成的形象并不总是准确的，因为我不从事物理学典型问题的研究。面对随后接着的问题——“我的专长是什么”时，我通常会回答“复杂性理论”“复杂性”“复杂性科学”，或者只是简单回答“复杂系统”。然后，对话交流要么就此打住，要么有人想进一步详细了解，这时我便会把这本书送出。

其实我原本学的是理论物理和数学，但如今我对理论物理的态度就像对待我的家乡，即位于不伦瑞克（德国中北部城市）附近的村庄一样。我能感受到情感上的亲近，有时会产生思乡之情，但我很少回去，只是定期探访，所以对当地环境依然熟悉，并且仍然拥有在那里成长过程中所学习和掌握的技能。正如远离我故乡的村庄一样，我钻研的内容也早已走出传统物理学的范畴。很快，我就对纯粹的物理现象之外的其他学科的现象产生了特别强的兴趣。我的硕士论文是关于哺乳动物的呼吸，研究呼吸是被如何控制的，等等。这让我在 20 世纪 90 年代初对神经元网络产生了兴趣。当时这些神经元网络已经具有学习能力，但还没有被应用于“人工智能”，因为那时的计算机运算速度实在是太慢了。我曾在美国担任应用数学专业的教授，之后又作为一名具有专业背景的物理学家接受了生物学专业的教授职位，一切都显得有些混乱。

在神经元网络研究之后，我还从事过关于扫视的研究。扫视是一种当我们观察一张图片或者进行阅读时，产生的快速、突然的眼球运动。之所以会有这样的眼球运动，是因为只有在视野中心，我们才能看到清晰的物体（你可以自己来检验这一点，通过将本书向左或向右移动一只手的宽度，同时保持你的视线直视前方，并尝试继续阅读）。或者更确切地说，我们实际上看到的几乎所有东西都失焦了，但我们没有注意到这一点。用英语说，“It’s all in your head”，即一切都发生在你的脑子里。我们的大脑给我们虚构了一个清晰的整体画面。这个观点，我们将在本书后面再次进行探讨。如果通过实验检查人们如何观察一张图片，并且用线条描绘视觉的焦点在作品上的移动轨迹，就会出现看似随机的鬼画符。但是在潦草的图案中隐藏着一些结构、统计学上的普遍规律，即所谓的幂律，我会再次回来谈这一点。我们的眼睛既不会井然有序地从左上角到右下角扫描图片（如同阅读时一样），我们的焦点也不会以完全无规律的方式跳跃游走。通常，我们的眼睛会做很多小的扫视，而很少会做较大的跳跃。这些轨迹图也出现在自然界完全不同的地方。例如，如果追踪信天翁在长达数公里的飞行中越过海洋寻找食物的路线，或绘制巴西蜘蛛猴穿越原始森林的迁徙路线图，人们会发现，其移动行进的轨迹图案与眼球运动图案的潦草程度几乎没有区别。

这个小故事从两个方面解释了写这本书的初衷究竟是什么，这本书到底是写什么的。一方面，这本书是关于观察，关于新视角，以及关于在你的脑海中创建正确的图像。就像我们通过密切地关注一个接一个的元素（小扫视），将它们连接起来，然后编织成一个整体（大扫视），最后在脑海中组合出一整个被观察的画面。本书旨在引领你感知十分迥异的主题和理念，并且向你揭示其中存在的、可能没有被人预料到的关联。如果一切顺利，“复杂性科学视野下的自然与社会”这一画面应该会自动浮现在你的脑海中，你还将意识到这些主题之间的关联。另一方面，本书关注的是，努力让你着迷于表面上非常不同的自然和社会现象之间所展现出的关联和相似之处，并且试图去探索缘由。或许你和我一样，一旦在完全不同的事物之间找到联结与关系，会感到新认知的魔力，尤其是当这些联结还具有隐秘性的时候。我们眼球的运动怎么会和信天翁、蜘蛛猴的运动有相似之处呢？人们如何发现这些联结与关系的迹象？关联处于什么地方？我们可以从中得出什么结论？

起初我研究眼球运动的时候，只想知道我们是如何感知周围的世界，并在我们的脑海中加以合成的。当我意识到我们眼睛的运动模式类似信天翁的飞行路径，并且其中显然隐藏着一项基本规律时，便产生了测量人的运动模式的想法。那还是在 2004 年，那时还没有具有 GPS 功能的智能手机。取而代之的是，我与当时的同事拉尔斯·胡夫纳格尔和特奥·盖泽尔一起调查了美国超过 100 万张钞票的流动情况，这些钞票是当时流行的互联网游戏“乔治在哪里”（www.wheres-george.com）的一部分。我发现，在人类运动曲线中也显示出非常相似的模式和普遍规律。因此，我越来越关注人类的流动性和流行病通过航空交通网络在全球范围内传播的研究。目前，传染病传播的建模仍然是我科学研究工作的一个重要议题，并且由于新冠病毒的蔓延，也不可避免地成为公众关注的焦点。至于 5 年后会从事哪方面的研究工作，这点我还不知道。

我的许多自称为复杂性科学家的同事在科学学科中也经历了和我类似的不稳定历程，你将在本书中认识其中的一些人。这些历程并非不典型，在下一章中你将了解其中的原因。

写这本书的念头在我脑海里酝酿了很久。5 年以来，我一直在洪堡大学的生物学系讲授一门参加人数众多的“生物学中的复杂系统”课程。听课的学生通常来自生物学专业，但也有来自许多其他专业学科的。在我每年的授课中发现，在完全不同的现象之间寻找相似之处和复杂性理论的整体性思维方式让许多学生着迷。

作为一名大学教师，这门课程最初对我来说是一个巨大的挑战，因为扎实的数学和物理学教育背景有助于学生深入地理解这些关联性，而我无法保证所有学生都有这样的教育背景。所以我认真考虑了一下，如何在不涉及数学知识的情况下传授课程内容。为了这门课程，我设计了探索复杂系统的网站（www.complexity-explorables.org），汇集了基于网络的交互式计算机模拟技术，用于解释生态学、生物学、社会科学、经济学、物理学、流行病学、神经科学和其他领域的各种复杂系统。当需要用到数学知识时，可以借助“体验”系统并与这些系统做游戏来学习，在这过程中，交互式计算机模拟技术会非常有帮助。在此背景下，出一本能够让广大读者了解复杂性思维方法的书的想法水到渠成。

在我看来，复杂性科学提供了十分有用的观点和见解，尤其是在当今的时代。2000 年 1 月，著名物理学家史蒂芬·霍金（1942—2018）在“千禧年访谈”中被问到对 21 世纪有什么期望，他回答道：“我认为，21 世纪将是复杂性的世纪。”为了理解当今的发展，解决我们这个时代的危机，霍金认为有一种方法是有帮助的，其核心要素是寻找相似性和关联，聚焦关注共同点，尤其是在完全不同的科学分支之间。因为自然灾害、全球化、经济危机、大流行病、生物多样性的丧失、战争和恐怖主义、气候危机、数字化的后果、阴谋论，这些不能被视为孤立的现象，这些危机不仅本身是极其复杂和多层次的，而且往往还相互关联。

为了解决问题，并且更好地战胜当前和即将到来的灾难，必须用相互联系的方式进行思考，必须能够认识到哪些要素是本质上的、必不可少的，更加重要的是，哪些细节则是可以忽略不计的，这里所涉及的不仅仅是对现象的定性描述，人们必须寻找基本的机制、模式和规律。机制、模式和规律是十分有价值的，因为它们不仅有助于对系统进行描述，而且可以预测系统将如何应对外部条件的变化。所以，复杂性方法恰恰在这方面为传统科学方法提供了有效补充。在接下来的几个章节中，你将了解许多来自不同领域的例子，这些例子之间的关联性只有通过支撑它们的那些有趣的基本规则才能显现出来。在一个可以通过智能手机将世界上所有知识随身"携带"的世界中，我们可以将思维集中在动态关联上，而无须潜入各个学科和知识孤岛。

你可以按照惯例从前往后阅读本书，但是从后往前阅读也行得通。其实本书就是一张网络，网络就像圆圈一样，没有开端，也没有结尾。尽管如此，我还是建议从"复杂性科学"这一章开始，而随后的各章节你可以按任意顺序阅读。图 0–1 是反映本书各章节主题定位的示意图。

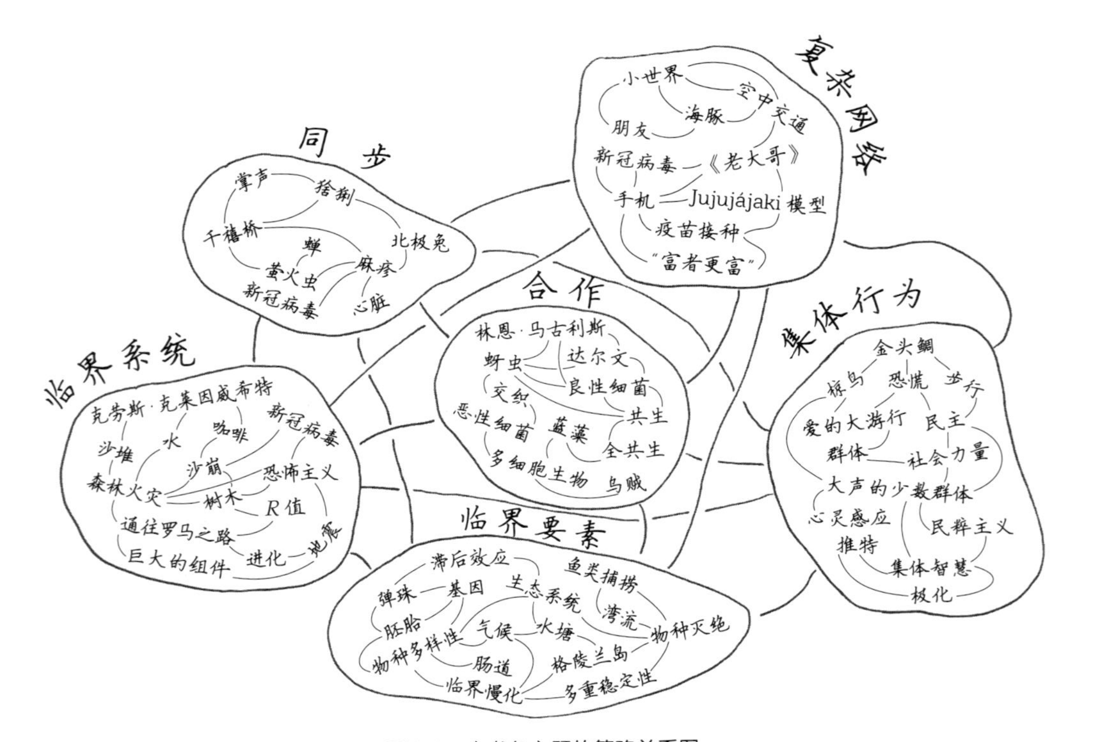

图 0-1　本书各主题的简略关系图。

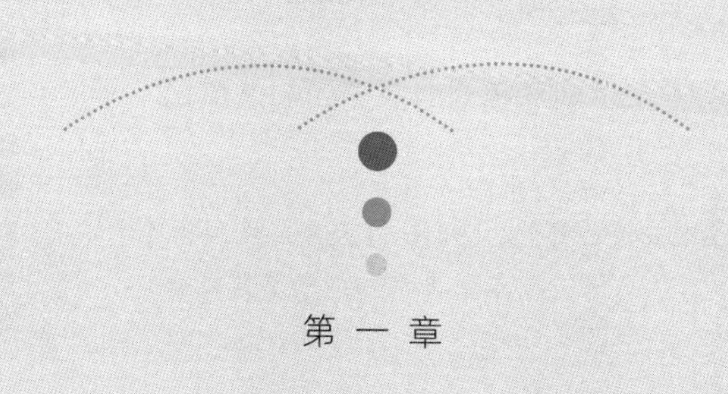

第 一 章

探索复杂性科学

科学是对专家无知的信仰。

理查德·费曼（1918—1988），美国物理学家，
1965 年诺贝尔物理学奖获得者

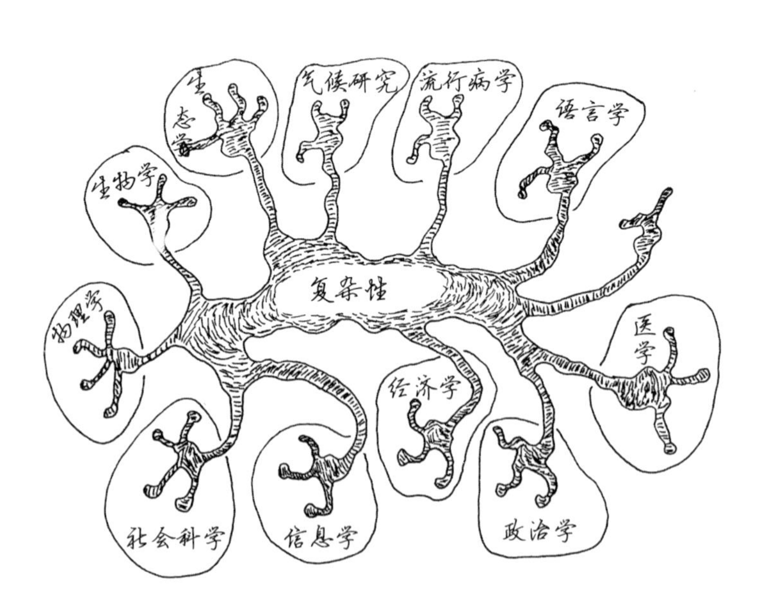

日常生活可能是很难以捉摸的，这点我们都知道。全自动咖啡机、民航客机、人际关系、新电话的操作、纳税申报……一切都很难以捉摸。英语里面会说“一大堆的部件动来动去（a lot of moving parts）”。当各个不同的部分同时处于运动状态，相互依赖，相互影响，令人很快丧失对全貌的了解，那么这事就有点难以捉摸了（见图 1–1）。

但是，难以捉摸的事物一定是复杂的吗？反之而言，复杂性系统必然是难以捉摸的吗？根据字典中的表述，复

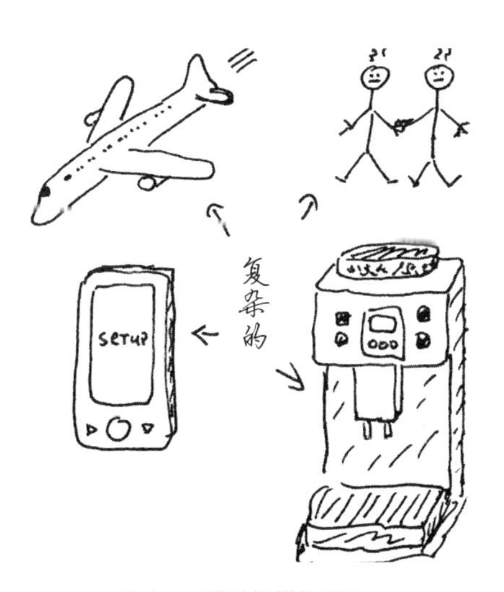

图 1-1　难以捉摸的事物。

杂（komplex）一词源自拉丁语（cum = 互相，plectere = 编织），单词的含义是“交织，多层次的”。一个复杂性系统由相互关联的各种元素组成，可以形成一个在单个元素中无法识别的结构。就像编织物一样，我们在钩针编织针脚中还看不出是在织毛衣一样。“复杂”是指一个系统或一个现象的内在结构，所以它是一个客观的标准。而“难以捉摸”总是涉及观察者的理解力，所以“难以捉摸”是主观的。很多现象可以是复杂的，但是并不难以捉摸。

最简单的日常游戏是掷骰子（见图 1–2）。如果你扔出

图 1–2　游戏骰子既简单又复杂。

骰子，并通过慢动作观察它，会发现它的结构是多么丰富，而且它的运动看上去似乎是无法计算的，尽管骰子的运动遵循结构上非常简单的牛顿力学定律，然而，这些定律交织在一起，从而产生了极其丰富的运动模式。得出的点数结果看似是随机的，但是，没有人会把一个简单的骰子描述为是难以捉摸的。理解复杂性系统的最好方法是先（但只是短时间内）研究不具有复杂性的事物。例如，挂钟的简单摆动。钟摆并不是具有复杂性的事物。钟摆的运动是有规律的，可计算的，可预测的，甚至还有点无聊，怎么

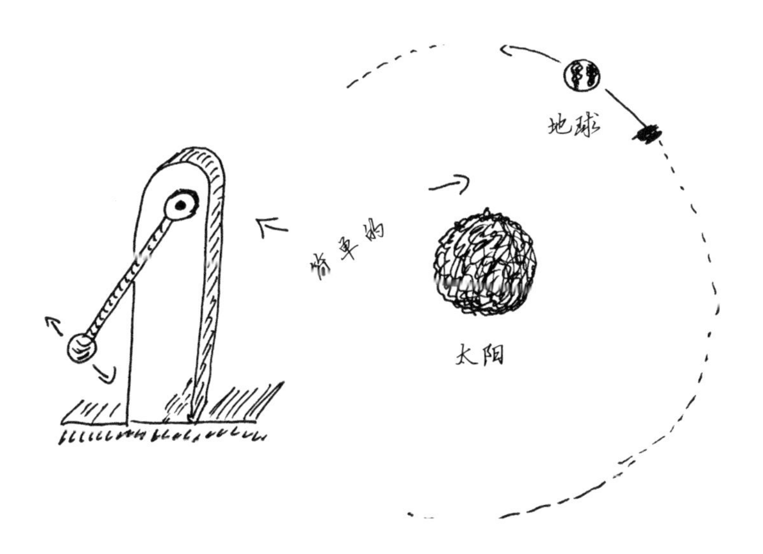

图 1–3　简单的事物：钟摆和地球围绕太阳公转。

也称不上复杂。简单的钟摆用于催眠，可以使意识在一定程度上自愿并且出于无聊而游离。与之非常相似，在数学上也不无联系的是地球围绕太阳的运动。地球每年在一个（近似）圆形轨道上围绕太阳运动，公转一圈为 365.25 天，循环往复。很简单，始终运行在一个近似圆形的轨道上。

然而，如果给了钟摆第二个关节，结果就大不相同了。简单的摆动变成了复杂的双摆。与骰子类似，双摆的运动结构丰富，更加美观，尽管与单摆的区别只是多了一个关节。你不相信吗？那么你可以在互联网上搜索双摆的视频，你很快就会找到许多相关视频。双摆也遵循牛顿力学和万有引力的简单定律，但是它却做着疯狂的事情：双摆运动似乎完全不可预测，有时会“翻筋斗”，有时又不会，运动貌似是随机的。

双摆代表了一类复杂性系统，尽管它们以非常简单的规则为基础，但是表现出出乎意料的复杂结构、特性或动力。我们会这样预测：难以捉摸的行为需要复杂的机制。双摆所显示出的行为可称为确定性混沌。像双摆这样的混沌系统遵循精确的数学定律，人们可以根据系统当前状态的相关知识计算出每一个未来状态。正如我们可以十分精确地计算行星在未来任何具体时间的运动，例如，准确地计算出今后的月食和日食事件将于何时发生，这种预测甚至可以覆盖接下来的一万年或更长时间。原则上，这也可以适用于双摆，因为运动方程是已知的。然而，问题在于，为了具体预测系统的未来状态，首先必须了解系统的当前状态，即能够进行精确测量。然而，测量中总会有测量误差，虽然这些误差可以通过更好的测量方法得到改善，但是绝对不会完全消失。人们现在可以认为，初始状态确定中的微小测量误差也会导致对未来状态的预测出现微小偏差。在非混沌系统中，例如行星运动或者单摆运动，也是

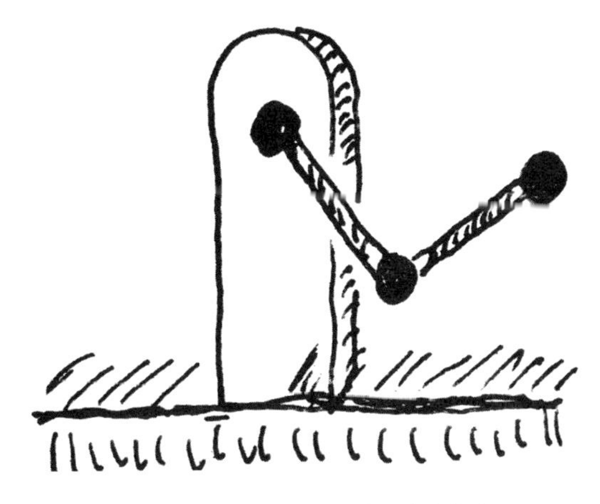

图 1–4　双摆。看上去简单，实际上很复杂。

如此。对于一个简单的钟摆，如果我在测量钟摆角度时有1度的误差，那么我对未来状态的预测也只会有大约1度的偏差。这里就是确定性混沌特性发挥作用的地方。初始状态测量的准确性误差会导致不久之后的预测出错。从原则上和根本上始终如此。日常生活中一个生动的例子是台球游戏。游戏开始前，15颗球在台球桌上呈三角形摆放。游戏开始时，用白色母球用力击打三角形球堆。尽管球在相互碰撞时的运动力学遵循简单的碰撞定律，但母球的方向稍有偏离，就会导致被击打球的运行轨迹完全不同。

在自然界，确定性混沌是常态，而不是例外。另一个例子是天气预报。确定天气的方程式和物理学是众所周知的。但是，天气的物理学是混沌的，我们无法计算未来3个月的天气。自然界中有许多系统是人类在知道其运动定律的情况下也无法精确预测的。这有点令人失望，但也很美妙。最终，我们所看到的一切都是由相当清晰明了且结构简单的基本物理定律确定的。然而，这个世界充满了复杂性和不可预测性，其中一个根本原因在于确定性混沌的特性。

但也可以是反过来的：非常复杂的系统通常表现出简单的行为，但这在系统的复杂性中并不立即显现出来。在复杂性科学中，我们使用术语“涌现”，来描述一种秩序或结构在表面上看起来无缘无故地从一个难以捉摸的混乱中出现。如果有人曾经在秋天看到过一群群椋鸟在空中列队飞行，就会知道那是多么神奇的场景。我们将进一步仔细研究（鸟类和人类的）群体行为。在鸟群中，在体育场的人潮中，在高速公路上的幻象交通拥堵①中，或者在社交网络中形成意见时，许多本身已经复杂的自主元素（个别椋鸟或球迷，汽车司机或脸书用户）独立做出决定，并且对外部影响作出不同的反应。尽管如此，所谓的涌现行为，即一种群体行为，可以从这样的系统中发展出来，但其结构不能从对单个元素的研究中推断出来。这样的系统也是具有复杂性的：许多不同的个体元素按照通常不显而易见的规则共同发挥作用，从而导致意想不到的集体行为的产生。还有十分典型的一点是，结构或动力结果来自个体本身，即没有一个权威来引导和指导整个事情。复杂系统通常是自发组织的，没有领导者，也没有指挥者。幻象交通拥堵是自行发展而成的。

① 幻象交通拥堵，指没有任何明确原因的交通减速。由于不良的驾驶习惯和道路上的汽车之间的自然波浪力学，一个人也可以造成数十或数百辆汽车减速。

在大流行病期间也可以观察到这样的过程。我们清晰记得：2019年底，新型冠状病毒肺炎在中国爆发。几周之内，它就在世界范围蔓延，在人与人之间传播，病毒被旅行者从一个地方带到另一个地方。2020年3月初，德国第一波疫情加速传播，在4月达到了每天约出现6 000个新感染者的高峰，形势十分严峻。民众意识到，这里正在发生一些新的和危险的事情。大家讨论了戴口罩是否会有所帮助，制定了封锁措施并在政策层面得到执行。这使得第一波疫情得以阻断，病例数下降，并且在整个夏季保持在低水平。随后，第二波疫情到来，与许多其他欧洲国家的情形一样，此波疫情比第一波更加严重。多位专家从疫情一开始就频频发声，德国科学家克里斯蒂安·德罗斯滕和桑德拉·切塞克通过他们的播客节目介绍疫情的相关情况并且引导整个德国民众应对新冠疫情。凭借他们的专业知识，特别是对自己专业领域以外的科学研究的开放态度，他们两位成功地以一种可以理解的方式向人们传递信息，并为民众提供了一幅不失真的现实图景。这项工作非常重要。首先，大流行初期政府听取了病毒学家的意见，发现涉及的是一种新病毒，必须对病毒进行分类，对基因

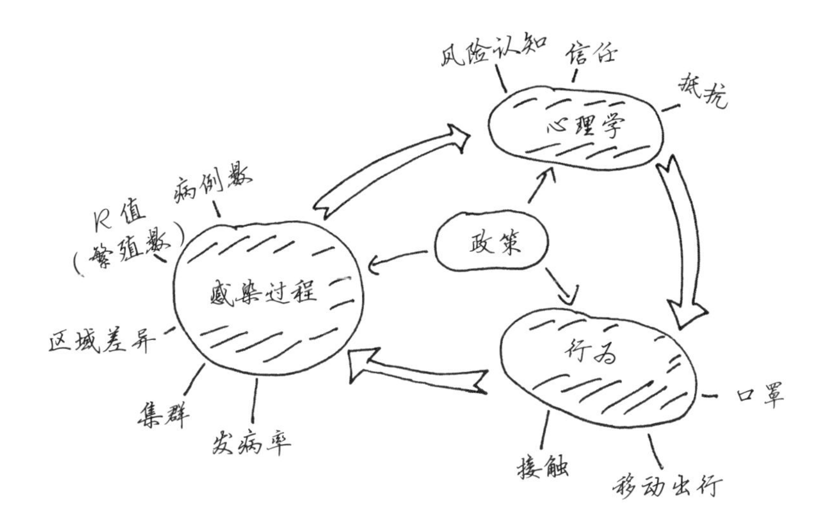

图 1–5　新冠病毒大流行是一个复杂的动态现象。

组进行测序，确定传播途径，并且研究临床病程。此外，还需要流行病学家的专业知识。罗伯特·科赫研究所提供了有关病例数量和发病率的信息，成为媒体关注的焦点。

建模师通常是物理学家或计算机科学家，他们做出预测，分析数据，并对病例数量进行解读。他们测量了整个德国的人口流动性，并开发了新冠疫情警告应用程序，使对感染者的追踪更加便捷。专家们讨论了人们的网络行为，“超级传播者”成为流行语，心理学家和行为科学家对社会上的新现象展开了研究，例如流行病疲劳症和接种新冠疫苗的意愿。阴谋论也如新冠病毒一样四处传播，有些人戴上铝箔制成的帽子[①]，新纳粹分子与带有神秘色彩的激进分子迈着整齐的步伐一起游行。作为一个整体系统来看，大流行病是一种高度复杂的、内部相互关联的、动态的、生物学的、社会的、社交的、经济学的现象。我们的接触，我们的社会行为，我们的流动性决定了感染的进程。总而言之，无数因素聚集在一起，最终像一张紧密交织的网，造成了疫情大流行，并在地区、国家和全球范围内蔓延。

因此，将疫情大流行穿上数学的外衣似乎很冒昧，因为其中有太多的不确定性、不可预测性和太多“人的因素”在起作用。然而，如果从整体上看待这一现象，并使用本书中介绍的“工具”，模式很快就会从复杂的混乱中出现。这有助于理解一些反复出现的自然界的基本原理，例如自发同步现象，或者集体行为如何从简单的规则中产生，系统在接近临界点时如何反应，或者复杂网络具有哪些属性。合作可以发挥怎样的作用，以及合作是如何产生的。所有

① 佩戴这种帽子的人们相信这样能够帮助他们免受精神控制，是一种阴谋论。

的议题我都将在下面予以阐述。

科学的精妙在于弄清楚复杂现象是如何产生的，并找出它们所遵循的隐藏规则。在这其中尤其令人惊讶的是，许多复杂的系统，无论是在生物、物理、社会、政治、生态或经济背景下观察到的，往往都是被类似的根本性的基本规则影响，并由此产生。认识这些“横向的”联系，并从中得出新的理解和知识，是复杂性科学的本质。

1. 复杂性科学是什么：跨学科的问题导向研究

但是，复杂性科学（简称“复杂性”）究竟怎么理解呢？迈向复杂性的第一步不是转向，而是摒弃：脱离经典学科。打个比方（而且通常不仅仅是打比方），复杂性科学家是没有固定学科的。由于我个人的经历，第三方有时将我介绍为物理学家，有时是数学家，偶尔是理论生物学家，偶尔也会是生物信息学家或流行病学家。像我的许多对复杂系统感兴趣的同事一样，我从未专注于某一门学科。这实际上已经很好地描述了复杂系统研究的核心和参与者的行为。复杂性科学在本质上是反学科研究。

那这意味着什么？复杂性科学确实是一个领域，但它没有边界。它延伸并遍及所有传统学科，而这并不总是让已经在那些学科扎根的专家感到愉快。虽然许多复杂性科学的专业人士都有特定的研究方向，但是这些研究方向往往会在他们的职业生涯中发生变化，这些人员是科学研究上的“游牧民族”。或许是因为他们不太关心已经知晓的内容，而更多的是从事他们还不理解但是想要理解的内容的研究。20 世纪最富魅力的科学家之一，诺贝尔物理学奖获得者和好到不可思议的导师——理查德·费曼曾经说过:“如果你是房间里最聪明的人，那么你就进错房间了。”在一定程度上，这可以作为复杂性研究的中心思想。拥有“好奇心”的先行者会真真切切地感受到好奇心，并用一生去解释“好奇心”的含义。

如果你想给复杂性科学描绘一幅有机的图画，那就想想蘑菇（见图 1-6）。不是去想在树上或森林地面上发现的籽实体，而是去想大多数蘑菇种类的本质——菌丝

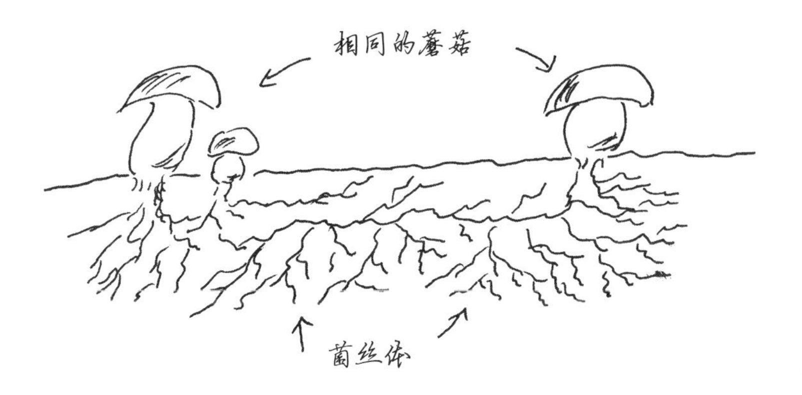

图1–6　蘑菇几乎只是由菌丝体组成，一种由真菌组织构成的地下的复杂网络。

体。一个典型的蘑菇大部分由位于地下的十分精细和微小的绒毛构成的复杂网络结构组成，生物体的营养物质通过这些菌丝体进行传输。在蜜环菌中，单个的蘑菇个体的菌丝网络可以延伸到若干平方公里。

2000 年，在美国俄勒冈州，发现了一种蜜环菌，其菌丝体延伸分布在 900 公顷（9 平方千米）的面积上，这一种蘑菇总重量达到约 900 吨，估计有 2 500 年的历史，被认为是地球上迄今为止所发现的最大的单一生物体。第二个十分美丽的例子是另一种菌类物种——多头绒泡菌。它属于黏液霉菌，绒泡菌形成的大的淡黄色的线状网可以在陈旧、腐烂的树干上长到几平方米大，同时在整个生物体中输送营养物质。该物种的一个有趣的特性是它仅由一个生物细胞组成，使其在某种程度上可以被视为世界上最大的单细胞生物。绒泡菌真正令人着迷的是它解决优化问题的能力。当绒泡菌在平面上生长时，会识别出营养浓度特别高的地方，并在这些地方之间建立起线状结构的连接通道，使营养物质可以尽可能有效地到达整个生物体的各个部分。大约 10 年前，在一个实验室项目中，科学家们按照以缩小比例描绘的东京地铁车站图，在一个模型中分配营养源，然后他们让一个绒泡菌胚芽在模型上生长。令人惊讶的是，过了一段时间，绒泡菌的线状结构已经准确地复制了现实世界中东京地铁车站网络的实际连接。

就像蜜环菌的菌丝体穿透森林地面和绒泡菌连接高营养供应点和区域（大部分情况下是死树，偶尔是活树）一样，复杂性科学是一个网络，它渗透到传统知识领域，并且将其进行连接。

人们或许会推测，这种方法花费很大精力但只能提供肤浅见解，有危险，而实际情况恰恰相反。路易斯·阿马拉尔就是一个很好的例子。路易斯·阿马拉尔来自葡萄牙，有物理学研究背景。他在美国西北大学任教期间，和我一起共事过 5 年。在复杂系统领域，阿马拉尔无疑是世界上最杰出的科学家之一。如果你去查询他发表过的非常成功的那些作品，你会发现其中有关于团队结构和效率的研究报告，不同足球队传球网络差异的论文，对全球航空运输网络的首批分析报告，关于学术界和经济界中的性别不平等的定量研究，人类衰老过程的研究等诸多著作和论文。所有这些科研成果都对生物学、社会学、经济学、流行病学和性别研究等传统学科产生了重大影响，为它们提供了重要的见解，一直并继续被广泛引用。像路易斯·阿马拉尔这样的科学家的基本特征是，决定其研究活动的是那些没有被解答的问题，而不是他已经掌握并可以使用的基础知识或方法。

然而，最好的例子是于 2020 年去世的英国勋爵罗伯特·梅。罗伯特出生于澳大利亚，生前担任牛津大学动物学系教授，是英国最负盛名和最具风格的科学家之一，曾长期担任久负盛名的英国科学院——英国皇家学会的主席。当首次和他取得联系时，我刚刚获得博士学位。罗伯特鼓励我和我的同事拉尔斯·胡夫纳格尔、特奥·盖泽尔将我们关于传染病传播与全球航空运输网络之间联系的论文投稿给一家著名期刊。如果没有罗伯特，我的人生走向很可能会大不相同。见到他本人是在 2005 年在柏林召开的德国物理学会春季年会上，当时罗伯特应邀做大会演讲。他介绍了关于接触网络的研究，以及性伴侣和“超级传播者”出现的频率分布。所有这些都不是人们期待在物理学家会议的议程上出现的主题。罗伯特当时 69 岁，可以说已经到了职业生涯的中晚期。当他以 84 岁的年龄去世时，《纽约时报》在讣告中将其称为“永不停歇、放眼全局的大科学家”。罗伯特在许多领域堪称先驱，很早就开始从事生态系统稳定性的研究，他通过一篇开创性的论文表明，物种多样性本身可能更会破坏生态系统的稳定性（与当时许多专家的看法相反），反而是其他因素因此不得不起到了稳定自然的作用（我在“合作”这一章节中会再次谈到这个问题）。在 20 世纪 80 年代，他就与罗伊·安德森一起彻底重塑了传染病建模领域。1976 年，他在著名的《科学》杂志发表了一篇题为《简单的数学模型可导致非常复杂的动力学》的文章，这篇论文为混沌理论的发展和混沌系统的研究奠定了基础，混沌系统是复杂性研究初始阶段一个非常重要的分支。

罗伯特发表的文章总是标题简单，而且提出的问题也简单。这里举几个例子："一个大型复杂系统会稳定吗""地球上有多少物种""银行家的生态学"。在罗伯特·梅伟大职业生涯的最后阶段，他从事了金融市场动力学的研究。他认识到贸易与金融网络和生态系统相互作用，网络之间的动态和结构具有相似性，并从这些相似性中得出了新的结论，而在此之前，这些结论一直未被各个领域的专家所发现。例如，他的研究和基础分析引发了一些项目，能够确定哪些结构特性可以使生态网络特别牢固和动态稳定。这些结构恰恰也可以在银行之间的交易网络中找到，但一个重要的区别是，后者以增长为导向，必然会变得不稳定和萎缩。我们后面对此还会详细讨论。

2. 还原论在复杂性科学中的应用：专注关键特征

像路易斯·阿马拉尔和罗伯特·梅这样具有深厚教育

背景的物理学家如何成功地在他们的传统领域之外取得备受关注的发现呢？很简单：他们将还原论的利刃设置成了不同的角度。传统意义上，复杂系统会被整齐地垂直分解成单独的部分，每个学科及其专家都会研究一个细分的小领域，但细节的深度争论最大。

复杂性方法的工作方式是不一样的，整个系统没有被分解，而诀窍在于识别哪些是关键特征，哪些细节可以忽略（见图 1–7）。这种方法，即“忽略的艺术”（也许是最重要的技能），被复杂性科学从物理学借用并带到其他领域。

图 1–7　经典还原论和复杂性还原论。

罗伯特·梅掌握了这一技巧，并且在运用上堪称无出其右。他寻找并观察问题、加以提炼，然后对其本质进行研究。像他这样的科学家和研究者带着一套自己的方法，像游牧民族一样在生物学、生态学、经济学、社会学、神经科学、心理学和许多其他领域间游走。

“整体还原论”的原则，即对非本质要素的忽视和对普遍性的寻求，是如此重要，以至于我想举两个日常例子来解释它。如果你随意观察人的肖像，你会注意到差异，没有两个人是完全相同的。但是你可以问自己，究竟是什么让一张脸成为一张脸，即本质特征是什么。你可以设计一个“模型”，然后看到的是一个笑脸。

笑脸是一个很好的面部模型（见图 1–8）。虽然不逼真，

图 1–8　耳朵可以去除。

但它告诉我们：眼睛、嘴巴和脑袋是必要的，而耳朵、鼻子、头发、眼镜、色素沉淀、眉毛、嘴唇和牙齿不是必要的，可以将它们忽略不计。同时，人们还从中确定了建立联系的元素。当我向19个月大的女儿展示汽车、卡车、起重机、拖拉机、跑车或一级方程式赛车的照片时，她会说“布隆布隆”。尽管所有这些车辆都有不同之处，但我女儿认识到大多数车辆的共同特征，那就是发动机的声音和车轮。在这后面隐藏的不仅是对于相似之处的认识，从科学的角度来看，从中可以推导出通用功能。即便汽车、卡车、跑车和一级方程式赛车减少到只剩发动机和车轮，它们实质上还是具备功能性的。

父母常常告诉他们的孩子，他们是独一无二的，与众不同的。同时，这些父母告诉孩子们（希望如此），所有人都是平等的，拥有相同的权利，不同种族之间没有差异，性别、出身和肤色无关紧要。父母说的这两方面当然都是正确的。我们从与他人的差异中获得个性，从相似中获得共性。不幸的是，这一切往往会催生出其他的社会性后果。种族主义、性别歧视、排外心理、战争、社会不公，所有这些现象都有理由表明其源自差异。我们还将智人物种的

“特殊地位”归因于一些可笑的、不重要的，并且在我看来可以忽略不计的特性，如认知能力。我们是否也可以认为，因为大象长着长鼻子，所以它们在自然界中具有特殊地位。共性不仅给出了一些连接点，而且有一些绑定作用，因为存在相似的可能性很有限，但是存在差异的可能性却是无穷无尽的。现代自然科学正是因为这些绑定作用才经历了不断进步的进程。我们不妨设想一下，如果牛顿没有发现物体下落与月球绕地球运动之间的联系。那么，我们可能会准确测量月球如何围绕地球运动，或者物体在坠落时如何垂直向下加速。我们会有众多数据库来记录行星运动和坠落物体的知识。我们甚至会发现物体以相同的加速度下落，而与物体本身的质量无关（伽利略已经知道）。但是，下落的物体与天体之间没有任何联系。只有牛顿的万有引力理论才创造了这种联系，从而缩小了可能性的范围。这一理论的价值不在于它既可以计算坠落物体，也可以计算行星运动，而是在于它在这些现象之间架起了一座坚固的桥梁。

3. 物理学家：复杂性科学的探索者

引人注目的是，越来越多的物理学家进入复杂性科学领域从事研究工作。路易斯·阿马拉尔是一位，罗伯特·梅是一位，在后面的几个章节中，我们还会认识其他一些学者。但是为什么会这样？罗伯特·梅在一次访谈中表示："如果你有很扎实的理论物理学专业的背景，你可以做任何事情。"罗伯特并不是在暗指物理学家无所不知、特别聪明或才智过人。他指的是物理学教育打开了巨大的行动空间：你可以"做"任何事情。他强调的是"手艺"和使用的"工具"。

那么，理论物理学的特点是什么，它的思维方式与其他学科思维方式的区别在哪里？谈到物理学，人们想到的可能是粒子加速器、黑洞、阿尔伯特·爱因斯坦、暗物质、夸克、时空与相对论、激光束。在课堂上，你必须观察无聊的球体滚下平面，背诵公式，比如 $F=ma$，并研究牛顿和光折射。如果你因无聊还未入睡，并且足够幸运的话，可以见证老师如何用范德格拉夫起电机产生闪电或用它使一位同学变成“爆炸头”。这虽有意思，但不会让任何人兴奋起来。可叹的是，大多数人根本没有享受到物理学隐藏果实的乐趣。在理论物理学中有一个核心主题，即深入了解事物的本质，同时从鸟瞰的角度来观察它们，寻找和探索隐藏的、不可见的事物。在实验物理学中，顾名思义，就是进行实验。苏恩·雷曼（我们之后将进一步了解他）曾经有一次对我说：“物理学家会射击事物，是为了看看之后会发生什么。”在理论物理学中，人们将各种现象层层剥离，直至深入本质。这里所使用到的工具是数学、测量、假想实验，还有耐心。大多数人对物理失去兴趣，或者更糟糕，认为自己在物理和数学方面成绩不好或没有天赋，这都是因为他们没有给自己足够的时间。在这个领域，耐心和毅力是最重要的。杰弗里·韦斯特是著名的粒子物理学家，复杂性科学家，曾担任位于美国新墨西哥州的圣塔菲研究所所长。有一次我想向他解释一个理论模型，在我们谈话开始时，他请我一步步慢慢讲，他是一个非常缓慢的思考者。在理论物理学中，人们会想理解一些东西，不管代价是什么。不要问这样做是否值得，这个问题是禁忌。

在任何其他科学中，理论和实验都不能平等地跳起探戈舞。爱因斯坦曾在他的广义相对论中预言，人们必须而且一定会探测到引力波，即在我们的时空连续体中传播的波动，当时由于缺乏技术还无法进行证实，最终等待了100年，直至2015年才得以证实。如今，在许多其他科学学科中，理论的作用变得很有限。但并不是从一开始就是这样的。让我们想想达尔文，他是最有影响力的科学家之一，经过漫长的环球旅行，并通过对自然的观察，他提出了进化论。即使达尔文没有用理论物理学中精确的数学公式来表述它，但进化论仍然是一种思想结构方面的“物理学”理论，因为它深入问题的根源，并且借助简单的规则对变化进行描述。物理学理论首要研究的是变化，是动态。我们周围的一切都处于运动状态，但运动是非常神秘的东西。有些事物在某一个时刻是“这样”，而在另一个时刻又是“那样”。你可以仔细思考一下。

除了作为工具的数学和数学抽象模型的构建，在物理学中，人们很早就学会了忽视的艺术，这在复杂性科学中非常重要。如果你研究物理学中的某一系统，你通常必须与各种不同的力量打交道，这些力量发挥着作用，并且影响正在发生的事情，你会进行测量，尝试评估影响，然后忽略那些不重要和微不足道的影响。这一工具也恰恰被复杂性科学家在其他领域中应用。

4. 数学：解析复杂问题的关键工具

从过去到现在，数学一直与理论物理学携手前行。无论过去还是现在，伟大的理论物理学家往往同时也是数学家。人们容易忘记的是：在牛顿时代以及乃至100年前，数学也经常在其他学科中得以应用，并被当作“工具”使用。歌德懂数学，巴赫也懂数学，这点从他的作曲中明显可以看出。卡尔·弗里德里希·高斯被许多人誉为有史以来最伟大的数学家，他在年轻时最初想学习语言学，能流利地讲多种语言，他对语言学和文学的兴趣与对数学的兴趣一样浓厚。莱昂哈德·欧拉（欧拉常数以他的名字命名）曾从事音乐理论的研究。17 世纪末，艾萨克·牛顿和戈特弗里德·威廉·莱布尼茨各自独立地创立了微积分，这将是一个给整个科学界带来革命的数学领域。紧接着，瑞士数学家丹尼尔·伯努利在实践中应用了微积分的方法，但不是在物理学中，而是在流行病学中。在他那个时代，天花疫苗在科学界备受热议，拥护者和反对者都有。伯努利查看了数字表，并且开发了一个简单的数学模型，用来为疫苗接种问题提供基于模型的答案。苏格兰军医安德森·麦肯德里克在 20 世纪 20 年代建立了流行病的数学模型，其核心内容至今仍在使用。人们通常假设数学模型、公式和方程式用于“计算某些东西”或做出精确的陈述。但这只是事实的一半。数学在应用中的根本意义主要在于对思想进行梳理，进行精准表达，并且系统地促进简化、忽略和抽象的过程。

在新冠疫情大流行期间，已经公开讨论了各种数学模型。当然，有复杂的数学计算机模型可以描绘包括所有细节的真实场景，并且应该可以做出尽可能精确的预测。这主要适用于人们已经基本上了解其机制的现象，适用于了解其“方程式”和规则但无法用纸和笔解决的现象。但是恰恰对于那些尚未理解的、必须先对其进行解谜的现象，在那些现象中人们不知道哪些元素是本质上的，哪些元素是外围的，数学模型可以被用来准确地找出答案。

5. 复杂性研究在当今的重要性

科学研究在各个层面都有纵横交错的边界。如同德国由多个联邦州组成，并且这些联邦州又划分为城市和由乡镇组成的县。科学有自然科学、人文科学、政治学和其他许多科学。自然科学涵盖了物理学、化学、生物学、生态学、地质学和大量其他学科。大学里的教席设置十分专业，以至于教席持有者在研究主题方面普遍会感到有点受限。在这一点上发展分支是合乎逻辑的，因为当越来越多的知识在不同领域积累，即使在一个微小的领域，要对当前的研究状况保持整体概览似乎也不可能。康拉德·洛伦兹曾经说过，专家们对越来越少的东西知道得越来越多，直到他们在空无的领域里知晓一切。大学生们很早就开始确定专业，他们进入其他学科领域“游历”的时间越来越稀少，这就形成了一种学术地域性，这是不利的，尤其是涉及理解复杂现象的时候。

让我们再次回到新冠疫情大流行的例子。想要理解这种现象，尤其不能孤立地使用病毒学或流行病学的方法和专业知识。心理过程发挥着作用，移动出行网络和社交网络、人类行为、政治动力，一切都交织在一起。因此，粗粗看来，来自不同专业领域的专家聚集在一起，交流他们的知识，相互解释必须考虑哪些事实以及哪些因素会产生影响，并且相互倾听，这似乎是明智之举。这在理论上是有帮助的，但如果参与者对其他学科相应的“语言”和思维方式不理解或理解不深，有时会出现问题。如果有人曾经在德国与十几位教授参与过一个关于复杂的跨学科主题的讨论，那么他应该会知道，在这里只输出而不吸取观点的情况并不少见，人们更喜欢传授，而不是学习。然而，沟通中不仅是传授知识，还包括传授观点和思维方式。不同的世界经常在这里发生碰撞，“专注的”科学家经常认为他们小小的分领域的认识特别“大”和“重要”。如果以这种态度观察复杂现象，就会导致扭曲现实。举一个简单的例子：给摄影师、香水制造商和政治家看一张相同的人脸部素描，由于各自的职业，他们可能会感知到非常不同的图像，对面部的各个元素给予不同的权重（见图 1–9）。我们脑海中的这些图像是十分自然的，具有我们从事的工作的特征。

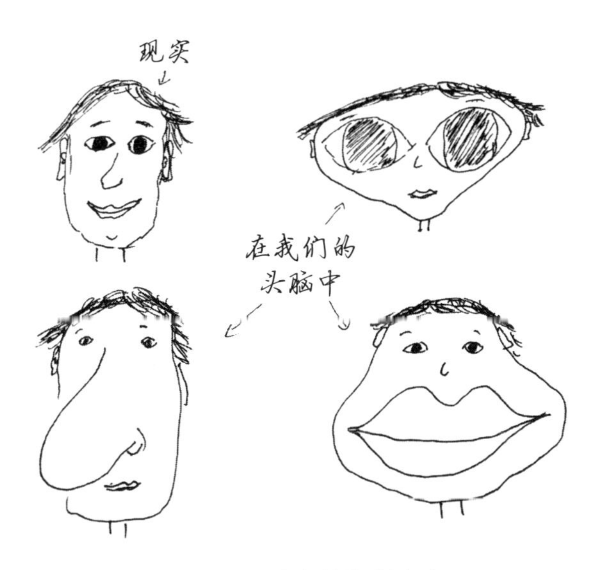

图 1–9　不同专家所看到的人脸。

为了避免这种扭曲的产生，有一点就显得特别重要，即在进行专业化训练的同时，偶尔到其他学科领域“游历”，并接受其他观点。

在德国，自然科学与人文科学之间的鸿沟特别深，相互之间很少有专业信息的交流和转移。因为交流太少，而且相互不使用或者理解彼此的“语言”，所以有时会发生在某一个领域的发现会令另一个领域的研究者一知道它就会感到兴奋的情况。

令人感到欣慰的是，一场小小的革命正在慢慢开始。越来越多的科学家在自然科学和社会科学之间建立联系，提取两者间共同的基本机制和普遍规律，这些机制和规律构成了截然不同的一些现象的基础。最重要的是，复杂性科学推动了这一进程，它并不在乎人们头脑中的限制和素描漫画。它发挥着桥梁纽带的重要作用。

如今，世界范围内有一些研究所遵循复杂性理论的反学科方法和哲学，并且致力于将传统学科相关联的研究。在位于美国新墨西哥州的圣塔菲研究所，有一大批来自不同领域的科学家，他们探寻生态学与经济学、自然界的进化过程与语言学以及动物界的冲突与集体行为之间的关联。在位于芝加哥的西北复杂系统研究所，也就是我本人之前工作的地方，我与政治学家、社会科学家和语言学家在各种项目中合作共事。在意大利都灵的科学交流研究所，数字流行病学、网络研究和大脑研究等主题在一个屋檐下进行。在维也纳复杂性科学中心，科学家们重点关注卫生健康、加密金融、城市科学、经济物理学等主题，这些主题根据一定的方法联系在一起。复杂性科学到来了，但在德国显然已经晚了，可惜的是，这些想法在这里还没有那么深入人心。反学科思维还不怎么流行，甚至有点不为人知。这可能有文化层面的原因。也许在德国，人们的脑海中还有太多的边界，仍然把差异点看得比共同点更重要。但也许这种情况正在发生改变。我希望如此。

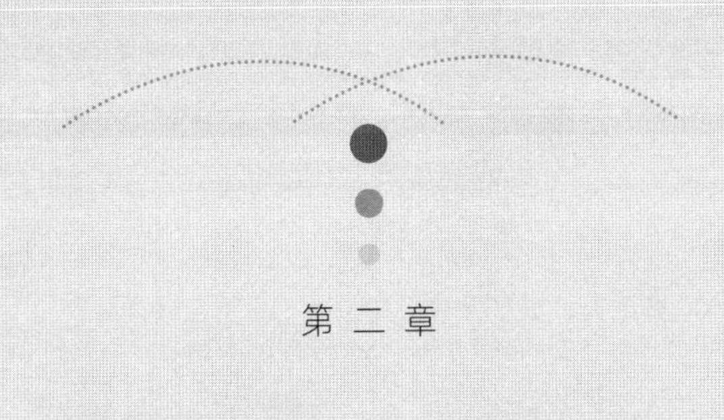

第二章

同　步

出于某种原因，

我们喜欢与之同步化。

史蒂夫·斯托加茨（1959— ），美国数学家

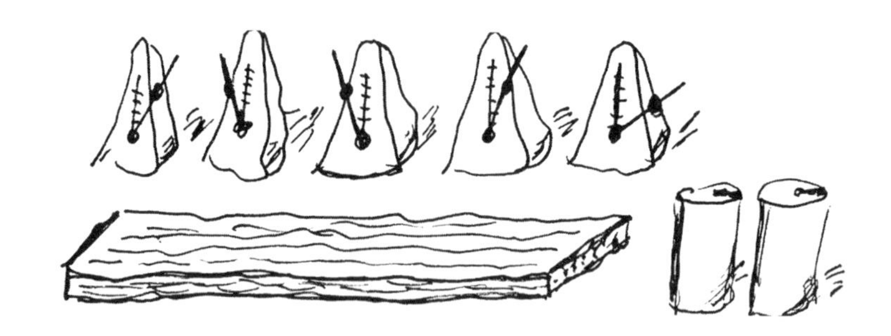

2000年6月10日对于伦敦来说不是一个寻常的日子。经过两年的建设，千禧桥比原计划延迟了两个月终于开通。这座长约325米、南北朝向的人行桥横跨泰晤士河，将中心城区与伦敦的南部相连接，在北岸的圣保罗大教堂和南岸的泰特现代艺术馆之间构成了一条充满想象的线条。这座桥被视为向千禧年之交献礼的建筑设计荣誉之作，是全球知名的英国建筑师、德国柏林国会大厦的玻璃穹顶的设计者诺曼·福斯特与著名雕塑家安东尼·卡罗以及著名的阿鲁勃工程咨询公司合作的成果。参与这一项目的没有一位是初出茅庐的新手。作为一座悬索桥，绳缆没有像往常一样垂直悬挂在高柱上以支撑桥面，而是水平排列。它看上去就像是“光之刃”——这来自于诺曼·福斯特童年记忆中的科幻电影人物形象飞侠哥顿，在一个场景中，他从剑中射出一道光刃，并且借助光刃越过峡谷。按照设计构想，这座出现在现实中的桥梁可以同时承载约

5 000 人在桥上行走。千禧桥的开通仪式十分盛大，6 月 10 日，约 10 万名伦敦市民和游客漫步过桥。但是，仅仅两天之后，大桥关闭。

究竟发生了什么？开通仪式当天，当许多行人通过桥面时，桥梁结构突然以大约每秒一次的均匀节奏在水平方向来回摇摆。后来确认，桥梁结构在每个方向摇晃幅度约 7 厘米。这座桥上从未同时聚集超过 2 000 人，也就是说当时桥头上的人数远远大于结构设计的承载人数上限。而且不仅是桥梁本身发生了晃动，所有的行人都突然摇摇晃晃地踏着一致的步伐行进，以补偿桥的晃动影响，使自己不至于跌倒。有目击者在采访中介绍说，在摇晃的桥上保持平衡非常困难。当然，设计师们知道，如果一大群人步伐一致地在桥上行进会很棘手，因为这可能会导致桥梁陷入共振状态。但为什么会发生这样的情况呢？一开始，桥上的行人并没有以一致的步伐行进！只是当桥发生摇晃时，步调一致的运动才开始出现。

目击者在 6 月 10 日所观察到的现象被称为自发同步现象，即，在没有外力或协调的情况下，在混乱和无序中突然出现以同步运动为形式的秩序。而且这种变化是必然的，并非通过不太可能发生的事件随机连锁而形成。这种无中生有的自发动态秩序的出现，起初看上去挺令人费解，正如荷兰著名科学家克里斯蒂安·惠更斯（1629—1695）在写给其父亲的一封信中所描述的那样。后来这份报告被视为自发同步现象的第一份观察记录。惠更斯是当时欧洲最杰出的科学家之一，他是一位数学家、物理学家和天文学家，设计了精巧超群的望远镜，发现了土星的卫星泰坦（土卫六），并提出了光的波动说，绝对是一位天才。惠更斯还对计时十分着迷，并与钟表师索罗门·科斯特一起设计了第一批摆钟。这些摆钟非常精确，一天的计时误差只有 10 秒钟，这样的精确度在当时简直令人难以置信。设计精准的时钟是非常有利可图的，因为在海上航行中，经度只能通过准确的时间来确定。惠更斯为他的摆钟申请了专利。在前面所述的给父亲的信中，惠更斯报告说："我被迫在床上躺了几天，并在我的两台新的摆钟上观察到了一个没有人能想象的奇妙现象。两个钟挂在墙上，相隔两三英尺，钟摆同步摆动，精确度非常高，从不互相偏离。我想，钟摆这样做是出于对彼此的某种好感，因为如果我打破它们的同步，让它们以不同的方式运动，半小时后它们就会又恢复同步，并且继续保持这种状态。”

惠更斯被这种效应迷住了，他研究了这种自发同步发生的条件。当他把摆钟挂在墙上，彼此相距很远，它们就不会同步。当他将两个摆钟固定到一根横梁上，又把横梁放在两把椅子的靠背上（见图 2–1），它们就会同步。

图 2–1　克里斯蒂安·惠更斯的摆钟椅子实验。

如果你想自己验证自发同步的迷人现象，可以用多个节拍器、一块约 50 厘米长的薄板和两个空饮料罐进行以下实验（见图 2–2）：将节拍器固定在薄板上，排成一列，相距约 10 厘米，然后将薄板纵向放在桌子上的饮料罐上，

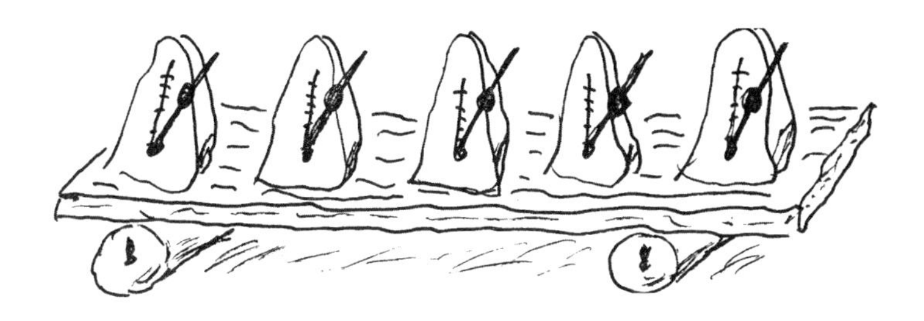

图 2–2　可以在家做的同步实验。

使用节拍器上的砝码，你可以为所有设备设置大致相同的节拍频率，然后开启节拍器。起初这些节拍器发出的节拍声并不同步，但是几分钟之后，摆动就达到同步。此时，如果你小心翼翼地将薄板抬离饮料罐，并且放在桌子上，节拍器就不再同步。只有当薄板被再次放在两个饮料罐构成的移动底座之上，节拍器就像被施了魔法一样重新变得同步。如果你不想自己照做这个实验，也可以简单地在YouTube 视频网站上搜索一栏输入“节拍器同步”，你可以在各种视频中亲眼看到这种方法是有效的。

以上三个案例，即有行人的千禧桥摇晃、惠更斯的摆钟和节拍器，在其中起作用的是相同的机制。用千禧桥的例子来解释：只要行人不是同步跨过桥梁，桥或多或少地在毫米范围内随机向一个方向移动。这是由于外部因素的影响，例如风和行人的众多小的步伐脉冲，因为每个结构都会有轻微的可移动性。这些最小程度的晃动不会被察觉到，但会导致个别行人的步态模式发生非常轻微的变化。不知不觉中，他们不同的步伐节奏已经变得有点相似，因为所有人都会自动去试图补偿桥的轻微移动。这反过来又在一定程度上放大了桥的振荡，然后行人重新调整了步态。这一耦合过程不断上升，直到整座桥都摇晃起来，所有的行人都步调一致。在移动薄板的实验中，每个节拍器对结构的水平运动施加很小的力，这稍微改变了其他设备的节拍，这与挂在墙上的摆钟具有相同的工作方式。

1. 生态系统中的同步：猞猁-北极兔震荡系统，萤火虫和周期蝉

但是，这种现象在自然界或我们的行为中有多典型呢？为了回答这个问题，首先必须搞清楚实现同步需要哪些要素。这其中重要的是动态元素，这类元素以自己

的节奏振荡或者摆动，也就是重复某种运动或一些连续的状态。这在自然界是非常典型的，自然界中到处都有节奏和振荡：地球绕着太阳转，月亮绕着地球转，地球还在自转。太阳黑子以 11 年为周期在太阳上形成。植物和动物已经适应了白天和黑夜的循环。然而，这些生物有机体的昼夜节律绝不是仅由外部刺激决定的。相反，大多数动物，甚至各种单细胞生物都有适应昼夜节律的内部时钟，被称为“生物钟”。人类生物钟的影响到底有多强大，可以在时差上体验到，生物钟通常需要几天的时间才能适应另外一个时区。有实验表明，即使将动物与外部影响隔离，它们依然能按照自身的生物钟保持昼夜的节律。

人们甚至可以在整个生态系统中观察到振荡现象。最突出的例子是来自加拿大北部的“捕食者–猎物”系统。加拿大猞猁和北极兔生活在那里，猞猁喜欢以北极兔为食。从 1845 年到 1935 年期间，它们种群数量的时间序列呈现出一个清晰的每 10 年周期（见图 2–3）变化，生态学家和生物学家都对此很感兴趣。这两个物种的种群为什么会以特定的、非常有规律的节奏发生变化？

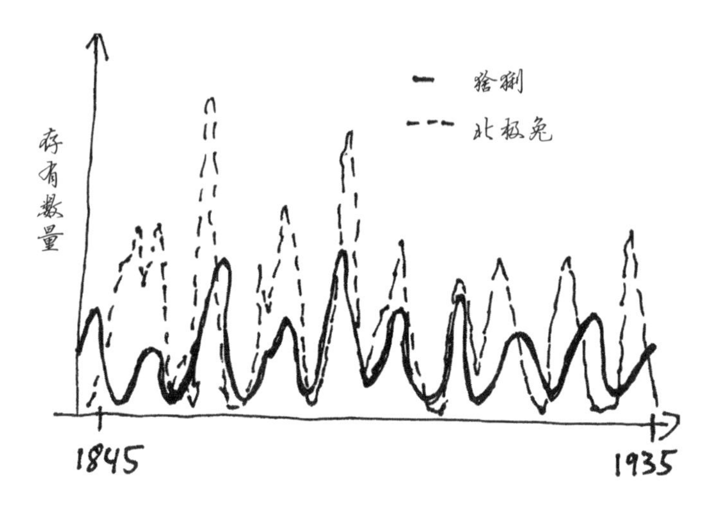

图 2–3　加拿大猞猁和北极兔在 90 年时间内的种群动态。

1925 年和 1926 年，美籍奥地利裔化学家和保险精算师阿弗雷德·洛特卡与意大利数学家和物理学家维多·沃尔泰拉建立了一个简单的数学模型，解释了猞猁–北极兔系统的振荡，并且显示出这种长期振荡在生态系统中是非常典型的。这个模型被称为洛特卡–沃尔泰拉模型，至今仍被用作理论生态学领域许多数学模型的基础。

本质上说，猞猁和北极兔的种群数量的振荡是以下述方式产生的：当捕食者猞猁的存量小时，北极兔可以不受干扰进行繁殖，其数量的增长呈上升趋势，然后就有很多北极兔。当北极兔多了，猞猁就有很多食物，因而可以更好地繁殖，就会有很多的猞猁，导致北极兔种群数量大幅减少。当北极兔数量减少时，捕食者猞猁种群数量又会相应变小。这个过程每 10 年重复一次。从机制上讲，人们将这种系统称为激活剂–抑制剂系统（见图 2–4）。在这个例子中，北极是激活剂，因为它们促进了猞猁的繁殖。猞猁是抑制剂，因为它们减缓了北极兔的繁殖。

加拿大猞猁和北极兔的捕食者–猎物系统中的振荡在数百公里的范围内发生，在地理上也可以理解为同步现象。如果我们设想将整个区域划分为更小的区域，每个区域都有各自的猞猁和北极兔种群数量，那么每个小的亚种群最

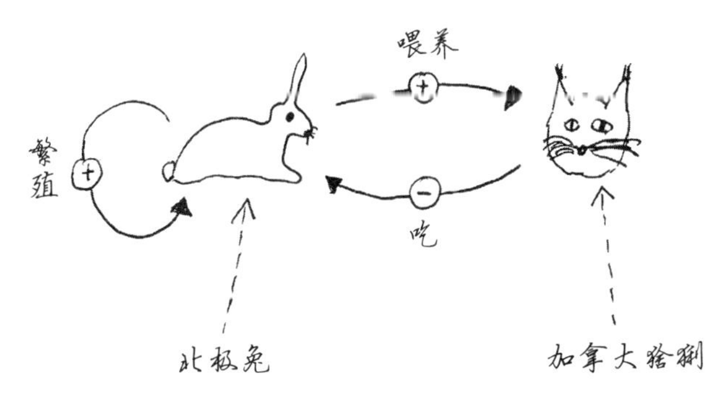

图 2–4 加拿大猞猁和北极兔的种群动态可以理解为激活剂–抑制剂系统。

初都会以独立于其他种群的节奏进行振动。在扩展的栖息地中，同步振荡依然会发生，因为北极兔和猞猁可以从一个栖息地迁移到相邻的栖息地。然后，这种交流使每个区域的振荡同步。

然而，许多自然栖息地，尤其是欧洲的栖息地，由于修建大型道路和伐木开垦等被彼此分割，变得支离破碎。从生态学的视角来看，这样的碎片化是很大的问题，因为如果一个种群在一个被分割的栖息地消亡后，不会再有这个种群的个体从其他区域再次迁移至此。这种物种为自我维持而引发的迁移现象被称为挽救效应，这是生态系统中一个十分重要的稳定因素。因此，人们越来越多地建造绿色桥梁，特别是高速公路上的野生动物通道，以便重新连接以前被分割开的栖息地。但是，用人工的方式重新连接栖息地也可能产生相反的效果。在自然状况下，两个独立的栖息地可能只表现出微弱的相互独立的振荡，就像两个摆放位置相距较远的惠更斯挂钟一样。如果将栖息地相互连接，动物可以很容易地在两个栖息地之间来回迁移，那么两个栖息地的动态可能变得同步，这使得一个物种的种群数量可能会出现强烈波动。同时也会再度增加种群灭绝的可能性，也就是说将栖息地重新连通，反而可能达到与最初预期目标相反的效果。

为了观察同步现象的另一个美妙的例子——让我们前往马来西亚雪兰莪河的河口。如果不下雨，你可以在日落后体验独特的自然奇观。当你乘坐小船漂荡在河面时，沿着堤岸边的树林突然开始闪烁起万千灯火。那是短暂的绿光闪烁，持续时间不超过十分之一秒。然后，大约半个小时后，诡异的事情发生了：杂乱的闪光变成了整齐化的闪光，所有的小闪光源都同步了，整个树林以每秒 3.7 次的频率在耀眼的绿光中脉动，看上去就像一个巨大的、失控的圣诞灯串，这种现象实际是生物引起的。在树木的叶尖上依附着数千只“马来西亚萤火虫”（Pteroptyx tener）（见图 2–5）。在萤火虫这个物种中，雄虫以快速的光脉冲吸引雌虫。所有萤火虫的生化机制都是相同的：它们在腹部末端产生一种化学物质，叫作荧光素。通过生化上的级联反应[①]，每个分子都会发出一定量的绿光。当然，仅此一点并不能解释为什么马来西亚数千只萤火虫会同时发出光脉冲。特别是，在任何其他物种（除了一个例外）中都没有

① 指一系列连续事件，并且前面一种事件能激发后面的一种事件。

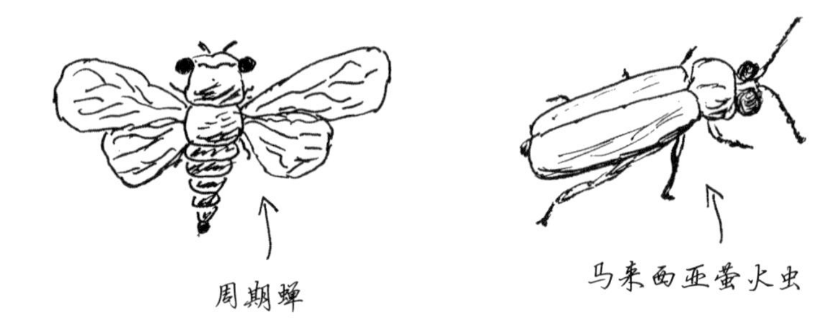

图 2–5　昆虫的同步化。

观察到这种同步，并且我们也不清楚这种现象是否可能会带来任何形式的进化优势。

然而，对于这种现象有多种理论，例如同步闪光可以更好地分散捕食者的注意力，或者更有效地吸引雌性。或许这只是事物的自然和系统动力的结果。萤火虫的渐渐同步，如同千禧桥上的行人，这一事实表明，它们都可以轻松地将自己的节奏调整到与其他同类的节奏同步，整个过程都是按照类似的原则进行的，必然且稳定。马来西亚萤火虫的同步状态会一直持续到清晨，第二天晚上，一切又从头开始。这一奇观令人印象深刻，你可以在马来西亚预订短途旅行，现场体验这一景观。

另一个更加令人惊讶的同步行为例子是北美洲的周期

蝉（Magicicada）[①]。这种蝉的幼虫蛰伏在地下13年或17年，然后同时破土而出，经过最后的蜕变成为成虫，进行交配，并且在产卵后死亡。这一过程精准地每隔13年或17年就会在北美的广阔土地上重复发生。而这一现象仅会在这两个时间间隔后发生，没有其他的年份周期。对于这种同步化的生存策略的解释很简单。如果周期蝉以非常低的频率，但以非常大的数量全部冲出地表，就无法与鸟类等捕食者的数量达到一个平衡，从而破坏种群的繁衍。但为什么正好是13年或17年的周期，为什么同一物种的不同种群的大规模出现有两种不同的周期，为什么两个周期都是大质数？专家们解释道：这确保了13年和17年周期的种群很少在同一年孵化，同年孵化每221年才会发生一次。因此，如果一个种群真的被掠食者完全消灭，那么，另一个种群将在几年后再次获得繁衍的机会。

然而，在同步化的背景下，周期蝉在另一个层面上也着实令人着迷。在其交配的年份，人们可以看到数千只蝉虫出现在北美洲的树木上，它们有节奏地鸣叫。如同萤火

---

① 周期蝉，是北美洲最古老的昆虫之一，共有7个物种，其生命周期为13年或17年，也被称为13年蝉或17年蝉。

虫的雄虫有节奏地发出闪光，蝉的雄虫也会同步发出美妙的叫声，来吸引雌虫。此时，人们可以观察到周期蝉如何在鸣叫过程中逐渐达到完全的自行同步。

2. 人体中的同步机制：心律不齐和癫痫病发作

显然，同步机制是如此稳定，深深植根于自然现象的动力学中，以至于它在生物系统中无处不在。没有同步，人类也无法生存。例如，所有哺乳动物的心脏只有通过快速的同步过程才能发挥作用。人类的心脏一生中要跳动约 20 亿次。每次心跳时，都有一个电脉冲通过心脏组织，导致心肌收缩并产生泵血功能。但是，这个脉冲从何而来？在心脏的一个非常小的区域，即所谓的窦房结中，大约有 10 000 个特殊的心肌细胞，即起搏细胞。与神经细胞类似，这些肌肉细胞向周围环境释放电脉冲（见图 2-6）。为了使起搏细胞启动导致心肌收缩的电级

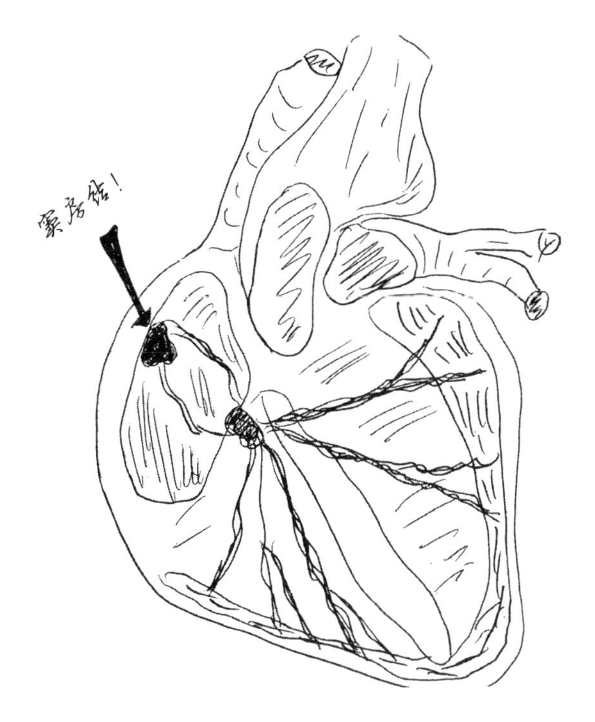

图 2-6　心肌收缩由窦房结中产生的电脉冲触发。

联反应，它们必须同步“发射”，并且信号也一定要同步通过心肌。在这里，同步的基本法则也确保了它们理论上终生有效运作。众所周知，这其中也可能会出些差错。当发生危及生命的心房颤动时，心肌细胞会以不协调和不同步的方式被刺激，心肌不再作为一个整体进行收缩，泵血功能停止。在特别强烈的心房颤动情况下，有时可以通过强烈的电击恢复原来的心律。

事实上，同步往往是一个被迫的过程，人们也可以从那些被同步运动伤害的人身上认识到这点。人脑由数十亿个相互连接的神经细胞组成，这些神经细胞通过电脉冲进行交流，并且处理感官印象和思想。通常情况下，大脑的电活动是异步的，在我们大脑执行的并行数据处理中，没有理由需要所有细胞必须同时发射脉冲。事实上，在大脑的许多区域中，兴奋性神经细胞和抑制性神经细胞之间保持着平衡状态。然而，这种平衡可能会受到干扰，同步的正刺激信号占主导地位。这正是癫痫发作期间发生的情形。突然间，大量神经细胞按照同一节奏发送电信号，同步释放，大脑超负荷运转，就会出现癫痫症状。

3. 人际中的同步：音乐厅里的掌声和股票经纪人

在日常的人际关系中，人们也可以体验到同步。当音乐会结束时，观众通常会以掌声向音乐家表示感谢。这并不罕见，尤其是很棒的音乐会之后，现场雷鸣般的、不同步的掌声很快在最短的时间变成了同步的掌声，然后越来越快，直到再次出现混乱的掌声。有时，这个过程会在掌声中重复多次。与到目前为止讨论的事例不同，虽然有节奏的鼓掌是自发变成同步的，但不会一直停留在同步状态。

罗马尼亚理论物理学家佐尔坦·内达及他的同事想更具体地了解在此过程中所发生的事情，他们在世界各地不同的音乐厅里进行了掌声测量。这些测量可以证明，在向同步拍手过渡的这段时间里，拍手速度会变慢，即每个人在每单位时间内拍手的频率都会降低。如果观众希望使掌声更响亮，通过同步则达到相反效果，因为在较低频率下整体产生的信号较少。观众随后下意识地渐渐提高了拍手的频率，这反过来又破坏了同步，结果雷鸣般的声响再次变成了不同步的掌声。

但是，同步行为能为人类带来什么好处吗？西北复杂系统研究所的科学家谢尔盖·萨维德拉、布里安·乌齐和凯瑟琳·哈格蒂研究了这个问题。他们调查了一家股票经纪公司的数据，66位股票经纪人每天都在这里高频率地买卖股票，每个人涵盖不同的交易领域，彼此之间并不直接竞争，而是由公司根据他们的表现，即赢得的利润进行业绩评估。66名纪经人的所有交易会在一个较长的时间段内予以记录。为了有效地获取利润，经纪人必须充分了解最新的市场情况，他们持续不断地努力领会新闻报道并从中提取的信息，以便做出正确的决定。66位经纪人在公司内部也有很好的相互联系，并通过他们的手机或电脑用电子即时通信系统共享信息。每个经纪人的目标都是尽最大可能减少损失资本的风险，并且努力增加利润。因此，在得到新消息并要对此做出反应时，他们必须解决一个两难的问题。如果你对重要新消息的反应比别人快，风险就最大，因为象征性地来看，你是第一个走过冰面的人。但如果你反应太慢，其他人已经充分利用了快速反应的优势。公司的内部网络显示了每个人对通信联系的反应以及各个经纪人的行为如何相互影响，所有这些信息都可供科学家们研究使用。信息表明，由于存在内部和外部的交流，受试者的行为平均来说是高度同步的，即他们在没有事先协商的情况下或多或少地同时买卖股票。仅此一点并不足以令人感到如此惊讶。这项研究最具决定性的发现是，与极少参与同步过程的经济人相比，同步化的经纪人平均获得了更高的利润。

4. 传染病控制的节奏与同步：激活剂–抑制剂系统

节奏和同步在传染病的动态变化中起着同样的重要作用。在1984年的一项研究中，数学流行病学家罗伊·安德森、布莱恩·格林菲尔和罗伯特·梅调查了英国流行性腮腺炎、麻疹和百日咳的时间序列。这些流行性疾病时间间隔跨越数10年，可以追溯到英国全国范围内针对这些儿童疾病进行疫苗接种之前的时段。科学家们能够证明，麻疹遵循以2年为周期的季节性节奏，腮腺炎和百日咳则表现出明显的3年周期。后来，基于这些数据（经过10年的更新）的一项研究表明，英国全国不同地区的麻疹流行病例曲线同步遵循以2年为周期的季节性节奏。研究人员对1968年引入麻疹疫苗接种的作用很感兴趣。疫苗接种起初带来了麻疹感染人数平均下降，这是一个好信号。但是，同步效应因病例数较少而被减弱，2年周期的节奏被打断，这反过来导致在某些年份麻疹病例数量平均高于以往。只有当疫苗接种率显著提高后，麻疹病例数量才再次下降。

在新冠肺炎大流行期间，有一些国家在病例数量爆炸性增长后立即实施了封锁措施，力争减少病例。政界人士和科学家之间一直在激烈辩论，较长时期的温和封锁是否会比短期的强硬封锁更好。从本质上讲，所有的措施都是为了减少接触，以使新冠病毒不再得以有效传播蔓延。

每当感染病例数量上升，并且产生新一波疫情时，政策领域就会做出反应（通常为时已晚），而后人们减少接触。如此一来，病毒就不再能够顺利地传播，病例数由此下降。然后，鉴于病例数量下降，开始取消封锁措施，这又再次导致病例数量的上升，如此往复。这被十分恰当地描述为“封锁溜溜球效应”。在不同国家观察到的第一波、第二波和第三波疫情中的感染病例数量的波动，正好与洛

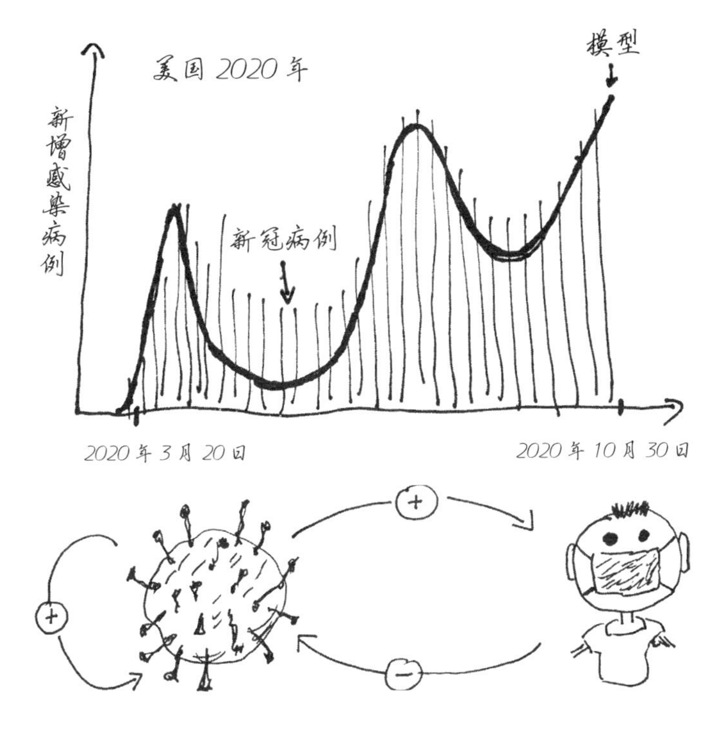

图 2–7 从长远来看，2020 年新冠疫情大流行的动态也可以解释为一种激活剂–抑制剂系统。

特卡–沃尔泰拉模型在猞猁和北极兔中显示的动态相符合。在一个简单的模型中，物理学家本杰明·迈尔可以证明，许多国家的多波病例数量可以通过这种简单的反馈机制来解释和描述（见图 2–7）。这一模型还可以表明，通过强硬的、短期的，最重要的是同步的措施，可以更加有效地控制疫情。不幸的是，即使在德国经历了三波疫情之后，决策者们也没有意识到这一点，反应总是太晚、太慢，与其他国家进行了错误的比较，而本质上的基本机制没有被重视，这一切也是因为那些相关负责人员缺乏认识，不懂得疫情波的动态是简单的激活剂–抑制剂动力学的结果。如果人们认识到这一点，这些封锁措施很可能会以不同的方式实施。例如，更加严厉但是持续时间较短的同步封锁措施可能会更好，因为这些措施可以使病例数明显减少。然后，同步效应的影响就小得多了，因为同区域内不再发生传染，同步效应的链条就这样被打破了。

5. 数学视角下的同步现象：藏本模型

前文描述的在各个领域中的同步现象的事例只是众多同步系统中的一小部分摘录。然而问题在于，这些同步现象是否有基本规律在起作用，如果有的话可能会是哪些。

那么，在所有这些不同系统中，振荡如何可以做到同步，为什么同步现象经常看起来是必然的，并且如此稳定？为什么同步现象会在某些系统中自发产生，而在其他系统中不是自发产生？

日本物理学家藏本由纪于1975年提出一个简单数学模型，这一模型以他的名字命名，名为藏本模型。藏本并不想开发一个仅仅描述一种同步现象的模型，他想开发一个包含基本和必要元素，并且描述同步现象的模型，以获得对所有同步现象普遍有效适用的认识。因此，他不得不进行抽象概括。

在他的模型中，单个振子被描述为抽象的“带一根指针的时钟”，其中每个“时钟”都可以指示不同的时间。孤立地来看，每根指针都可以以自己的速度运动。在科学术语中，振子的“时钟时间”被称为“相位”，指针速度被称为“相位速度”。只有当不同的振子一起反应时，它们才能相互影响相位速度，减速或加速。

藏本可以证明，当相位速度没有太大差异，并且当一个群组中有足够的振子，或是它们相互作用的强度足够大时，那么振子总是同步的。尽管这个模型非常抽象，并且结构简单，但是它可以非常准确地描述真实的同步现象，并且预测同步的条件。藏本模型的一个重要认识是：在大多数情况下，只有“完全成功”或“彻底失败”。振子要么完全同步，要么继续异步运行。如果你更改模型中的一个参数，例如振子耦合的强度，那么一开始不会发生任何事情。然后突然间在一个临界点，振子会自发同步。这正是在许多真实系统中观察到，并在许多实验中得到证明的情况。在“集体行为”一章中，我们将会再次在人类行为中看到这种“完全符合或根本没有”的现象。藏本模型可以很容易地描述同步状态的必然性和稳定性，还有许多遵循模型预测的事例表明，在自然和社会活动的过程中，振荡或振荡元素会以某种方式相互影响，我们总是可以预测到所有元素在某个时刻要做相同的事情，甚至必然做相同的事情。这是一个重要的认识，人们不必为此寻找错综复杂的、多层面的解释，因为它们存在于事物的本质之中。

2005 年，史蒂夫·斯托加茨、丹尼·阿布拉姆斯、阿伦·麦克罗比、布鲁诺·埃克哈特和艾德·奥托提出了一种略微改动藏本模型的形式，用来解释千禧桥的振动。

在他们的模型中，单个的行人是“振子”，每个人都有一个典型的节拍，即脚步频率。悬索桥被描述为一个缓慢的钟摆，很难摆脱静态发生摇动。通过计算机模拟，科学家们逐渐增加特定时刻在桥上的行人数量。起初什么也没发生。然而，当人数达到一定的临界值时，模型桥开始进入振动状态，行人从而开始同步，即以相同的节奏行走。这反过来又加剧了桥梁的振动。在这里，模型也可以预测，自发同步不会随着桥上的人越来越多而逐渐增加，而是会突然间从某个界限开始。这也正是在千禧桥上发生的事情。我们随后会在“临界性”一章中再次谈论这一话题。

有人可能会提出异议，来自藏本模型及其各种变化版本的成功尚未证明所有同步现象实际上都可以追溯到数学原理。藏本模型仅仅预测出在某些条件下同步现象可以自行发生。然而，该模型实际做出了更精细的陈述，这些陈述可以在真实系统中再次找到，并且可以在实验中进行检验。例如，如果重复使用节拍器的那个实验，并且准确地测量声学节拍，你会发现节拍器在同步状态下具有相同的频率，但“点击”的时间略有不同。这种现象称为相移。藏本模型准确预测了这些相移的分布方式，并已在不同系统中得到实验证明。

那么，我们可以从中学到什么？我们可以从事例中，更重要的是从数学模型中获得一个重要的认识，即同步是一个基本的自然过程这一事实。在这个过程中，集体的、动态的秩序可以从混乱和无序中自行产生，完全是依靠自己，没有外部力量干预。同时，这只是众多此类机制中的一种，我们将在接下来的章节中讨论一些其他原理。萤火虫同步发光、心律不齐、癫痫发作以及一波波新冠疫情都在核心上遵循甚至必然遵循简单的数学原理，这是一种包含在自然过程中的小魔法。如果此时你还不相信同步的力量，请打开收音机，听一些音乐，然后随着音乐跳舞。但是，请不要应和着音乐节奏，看看你最终能否与音乐节拍达成同步。

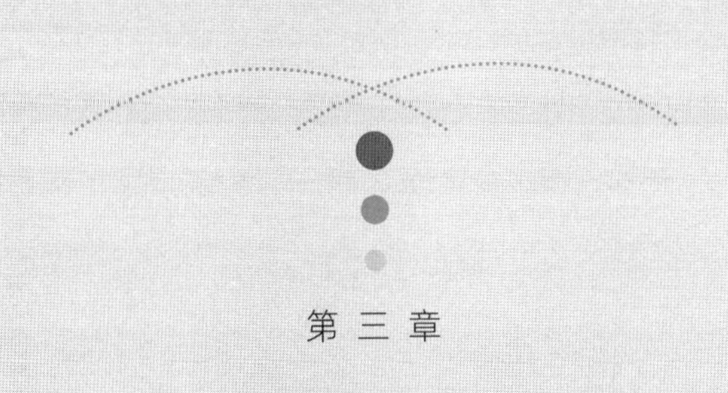

第 三 章

网络研究

所有人之间仅仅相隔六个人。

在我们和这个星球上的所有他人之间，

只有六步之遥。

艾伯特－拉斯洛·巴拉巴西（1967— ），美国物理学家

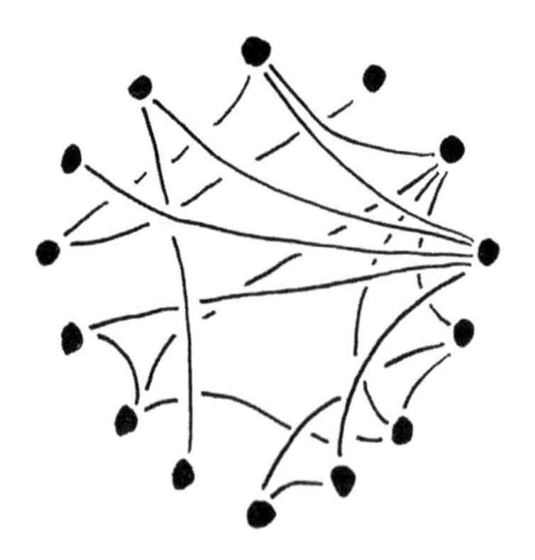

当我的两个女儿汉娜和莉莉还是孩子的时候，我们偶尔会玩一个基于互联网上的维基百科的娱乐性电脑游戏。像大多数基于网站的文本一样，维基百科的词条是超文本。这意味着：词条不仅提供有关特定概念的信息，还包含与原始搜索词条相关的其他条目的超链接。例如：维基百科的词条下“萨克森”包含交叉引用的“不伦瑞克”和“埃尔姆”。如果你点击这些链接，你将被转到相应的网页。因此，你可以将维基百科想象成一个通过超链接相连的巨大词条网络。在网络语言中，被连接的元素称为“节点”，连接称为“链接”。当两个节点相互链接在一起时，它们就被称为“邻居”。德语版维基百科有约250万个节点和约2 600万个链接。维基百科是德国访问量最大的十大互联网平台之一，也是全球范围前50名中唯一的非商业化平台。

在游戏开始时，首先要想出任意两个彼此关联尽可能少的概念。唯一的要求是这两个概念在维基百科中都有一个词条。例如，“女巫的魔药锅”和“肠道菌群”，“巴拉克·奥巴马”和“牛肝菌”，或者“鞋带”和“航天飞机”。游戏的目的是在不同网络节点（维基百科词条）之间找到从一个概念通往另一个概念的连接链（一系列链接）。如果你开始寻找“女巫的魔药锅”和“肠道菌群”之间的联系，那么一台具有有效搜索算法的计算机当然可以立即为你显示最短的路径。如果你没有计算机或搜索程序，这会有点困难，但比你预期的要容易得多。人们几乎能找到任何条目之间的链接路径。在“女巫的魔药锅”词条下，你会找到“子宫”的链接。在“子宫”词条中，一个链接通向“肠道”，那里当然还有一个链接通向“肠道菌群”。得出的路线是女巫的魔药锅→子宫→肠道→肠道菌群。“巴拉克·奥巴马”和“牛肝菌”两个概念之间存在的路径是巴拉克·奥巴马→德国→菌→牛肝菌，“鞋带”和“航天飞机”之间的连接链是鞋带→嘻哈→美国→美国国家航空航天局→航天飞机。如果你不相信，那就不妨自己试试，你可以尝试在“苹果”和“手电筒”之间建立连接。

这些事例表明，尽管维基百科中有海量的超链接，但你可以轻松地追踪到任何词条之间的路径。这在很多方面看来都很奇特。首先，我们必须以某种方式从网络中的 2 500 万个链接中找到正确的组合。而且这些链接数量只占所有潜在超链接的 0.000 04% 左右（如果所有词条都链接在一起，维基百科将有大约 6 万亿个链接）。此外，更加令人惊讶的是，人们发现的大多数路径都很短。在我们讨论的事例中，只需三到四个步骤就能发现两个词汇的连接路径。为什么会这样呢？为什么从“鞋带”到“航天飞机”不必走上一百步，甚至数千步？毕竟“鞋带”和“航天飞机”真的是很不一样的东西，更不用说“巴拉克·奥巴马”和“牛肝菌”了。

1. 小世界效应：小是新的大

作为一门相对年轻的科学，“网络科学”为这一现象以及许多其他的并不总是符合我们常识的现象提供了解释。人们将短路径的原理称为小世界效应，它描述了复杂网络（无论是生物网络、技术网络还是社会网络）的一个非常典型的特点：网络通常是既“大”，也“小”。说它大是因为它可以由数百万个节点和链接组成，说它小是因为它的直径很小。直径决定了信号或信息通过网络传播的速度。但是如何计算网络的直径呢？例如，脸书的直径，全球空中交通网络的直径，或者所有人的人际关系网络的直径？一种常见的方法是：人们（在计算机算法的帮助下）两两查看节点之间的最短路径（步骤数量），并从中计算出平均值。雷卡·阿尔伯特、郑河雄和艾伯特－拉斯洛·巴拉巴西都是网络研究领域的开路先锋，他们在 1999 年用这种方式测量了万维网，并计算了当时互联网上 8 亿个链接网站的直径。他们的计算结果：18.59！也就是说，人们可以通过平均 19 个链接连接任意两个网站。

当时，三位科学家发现了一个网络的节点数量与其直径之间的重要数学联系，许多复杂网络的直径随着节点的数量呈对数增长。这意味着：为了增加一个单元的直径，节点的数量不能增加一个常数，而是必须增加一个恒定系数，即倍增。例如，以直径为 5 的有 500 个节点的网络为例。有人可能认为，需要 600 个节点才能将直径增加到 6。然而，事实上你需要 5 000 个节点，也就是 10 倍。为了将该网络直径再增加一个单位至 7，你就需要 50 000 个节点。

借助这个通用的对数定律，雷卡·阿尔伯特和她的同事们能够预测当节点数量增加到 80 亿个网页时，万维网的直径会如何变化：它只是从 19 增加到 21。如果将节点增加 10 倍，直径并没有像人们想象的那样增加 10 倍，而只是增长了大约 10%。

因此，互联网上的距离很短。但是人类的情形如何呢？让我们将人类想象成一个全球范围的熟人网络。现在，如果我们要求每个人提供一份他们所有朋友、亲戚和熟人的列表，我们将得到一个包含大约 77 亿个节点和 500 亿到 7 500 亿个链接的网络。这样一个网络的直径可能是多少？所有网络科学的论证都表明，这个网络的直径也非常小。早在一个世纪前，匈牙利作家弗里杰斯·卡林西在一篇短篇小说中提出了“小世界问题”，并且指出，任何两个人都可以通过最多六步的路径在世界范围内进行相连。这个“六度分隔理论”假设甚至传到了好莱坞。演员凯文·贝肯在 1994 年的一次采访中说，每个好莱坞明星要么直接与他合作过，要么与另一位与他一起出现在镜头前的明星合作过。随后，两名大学生发明了一款社交游戏“凯文·贝肯的六度分隔”。影迷必须从记忆中给男女演员们寻找他们的所谓“贝肯数”（与贝肯之间发生连接需要的中间人数量）。那些与凯文·贝肯曾经合作过的演员，得到的贝肯数是1。如果某位演员还没有与凯文·贝肯合作过，但是与其他和凯文·贝肯在同一部电影中亮相过的明星合作过，得到的贝肯数是2。人们可以想象，好莱坞演员实际上在人际网络方面的联系十分紧密，连接路径很短。但全人类的熟人网络是否也有6左右这样的小直径，很难直接计算确定。不过，如今的Meta（原脸书）、照片墙和推特等社交网络或WhatsApp和Telegram等通信网络提供了线索。

2012年，Meta的用户数量大约在7.21亿，当时通过690亿个链接进行相连。平均而言，每个人有大约95个好友。同一年，美国加利福尼亚州斯坦福大学的约翰·乌甘德和他的同事们得出了Meta的直径：当时两个Meta用户之间的平均距离为4.74。如果我们使用对数公式推断77亿人，我们实际上来到了所假设的所有人的“六度分隔”区域。

然而，这种小世界效应不仅仅是一个有趣的特性，它具有巨大的影响，因为许多过程都发生在网络上。当新冠疫情于 2020 年春季在全球蔓延时，我们亲身体验了这种小世界效应的后果。全球航空交通网络在其中发挥了关键作用。没有任何一个其他网络能如此令人印象深刻地显示我们在全球范围内的紧密联系（见图 3–1）。全球航空交通网络连接全球范围约 4 000 个机场，2018 年，约 51 000 条

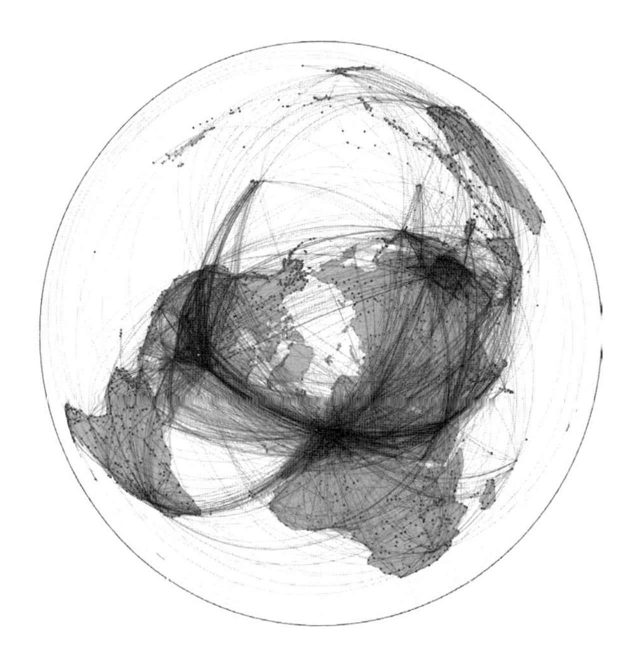

图 3–1　全球范围的航空交通网络涵盖地球各个角落。

直飞航线的旅客超过30亿人次。所有航空旅客每天合计飞行距离约140亿千米。这相当于太阳系半径（太阳与最外侧行星海王星之间的距离）的3倍。14世纪的欧洲大陆上，瘟疫以每天四到五公里的速度从南欧蔓延到斯堪的纳维亚半岛，相比之下，新冠病毒在全球的传播速度快了100多倍。这相当于步行的行人与超音速飞机之间的速度差异。与之类似，我们也知道新闻、信息、图像，以及错误信息和阴谋论在社交网络和现代通信网络上传播的速度有多快。

2. 社交网络集群分析：宽吻海豚的社交圈和人类的接触网络

除了普遍的小世界属性之外，许多生物、社交和技术网络还具有其他影响传播现象或动态过程的基本属性。通过一个非常特殊的网络，我们能够很好地对其中的部分属性加以识别：宽吻海豚的"朋友网络"。神奇峡湾是新西兰一个风景如画的峡湾，其臂弯延伸到新西兰南岛的内部约 30 千米。在这片水域中生活着宽吻海豚种群，数量明晰，且相对封闭。2003 年，生物学家大卫·卢梭和他的同事们发表了一份研究报告，对这个由约 60 只宽吻海豚组成的种群的社交网络进行了分析。宽吻海豚并不总是聚集在一个大群中。但它们也不是独行者。它们通常在较小的群体中度日，但这些小群体的组成各不相同。科学家们花了 7 年的时间，观察了宽吻海豚途中行进的队形组成。他们一旦看到两只宽吻海豚在一起，就会记录下来，并根据数据构建网络。每个网络节点代表一只宽吻海豚，如果两只动物一起被看到的频率明显高于统计预期，那么两只动物之间就建立了联系。如果将整个网络可视化，就会立即看到，在神奇峡湾宽吻海豚中，并非每只海豚都“能够”与其他海豚相处得一样好。网络通常是模块化的（见图 3-2）。网络中节点之间紧密连接的部分称为模块或集群，一个节点的连接数量称为节点度。宽吻海豚网络有两个主导集群，在它们之间发现链接的频率较低。有些个体比其他的海豚更具社交性，它们的相连更加紧密。而有些个体更喜欢边缘的存在。

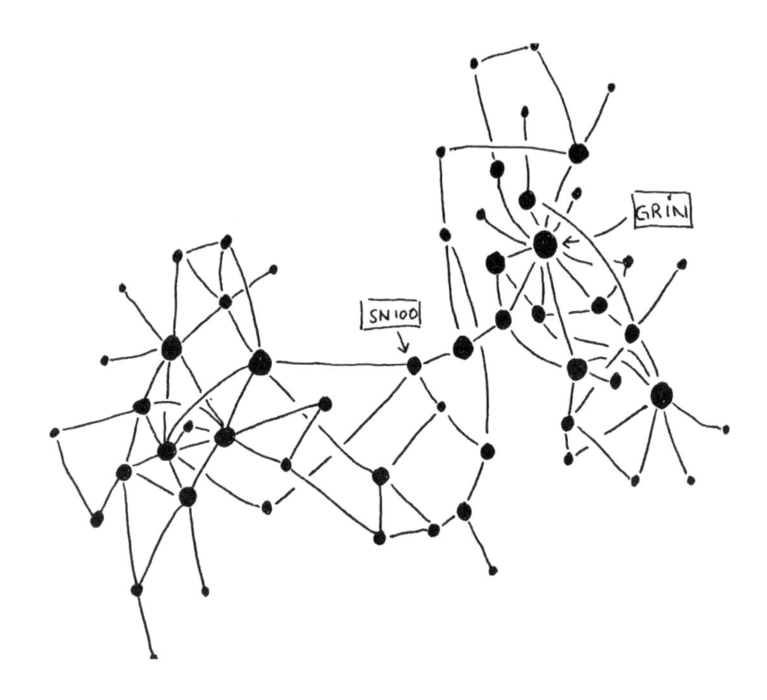

图 3–2　神奇峡湾海豚社交网络的可视化。节点度越大，标记越大。
一只叫“GRIN”的海豚的连接状况最好。
“SN100”起中介作用，链接左右集群。

宽吻海豚的社交网络还表明，正如格言“我的朋友就是你的朋友”所说的那样，一个节点的两个“朋友”互相成为朋友的情况并不少见。除此之外，还有一些“中介”能将网络中的不同集群连接到一起。

但是，海豚网络的这些属性是典型的，是普遍的？人类的接触网络是怎样的呢？如何来理解这些网络？2014年初，我到位于哥本哈根的丹麦技术大学（DTU）访问，作为嘉宾做了一个题为“大流行病在全球航空交通网络上的传播”的报告。苏恩·雷曼邀请了我，他是丹麦技术大学的教授，也是我的同事和朋友。我们在美国的时候就认识了。和我一样，苏恩也来自理论物理领域，但是，他在新兴的“计算社会科学”领域工作，这是一个计算机科学和社会科学相互交织的科学领域。具体来说，他主要从事对社交网络结构的研究。当我们在他的办公室讨论共同合作的学术项目时，进来一位大学生（苏恩办公室的门一向是开着的）。他们两人简短地用丹麦语交流了一会儿，大学生交给苏恩一台智能手机，接着，苏恩从办公桌最下面的抽屉里拿出一个鞋盒，令我惊讶的是，里面装着大量现金（后来被证实里面的丹麦克朗大约折合10万欧元）。他拿出一摞，数出一个金额，将钱递给了大学生。那位学生友好地告别然后离开了。

由于我没有听懂两人的谈话，这样的货物和现金交换令我不知所措。我一边回顾刚才所看到的这一幕，一边想了想，苏恩是否可能在经营一项利润颇丰的非法副业，需要将那么多钱囤积在未上锁的办公桌抽屉里。苏恩把盒子收了起来，笑着转向我："我以后得换个方式，但现在还没来得及做。"苏恩清楚地看出了我脸上的困惑，他便向我解释来龙去脉。这一切都与 Sensible DTU 项目有关。苏恩在 2010 年发起了这个关于社交网络结构的项目，并在随后的几年里引起了轰动。

与宽吻海豚类似，人类接触网络中的节点代表各个个体。两个人之间的链接决定了两个人见面或彼此接近的频率。研究人员测量了人们何时面对面、何时坐在同一张桌子前、一起跳舞或一起坐在沙发上或在地铁上彼此相邻而座。当然，接触网络在实践中难以测量。单纯从理论上说，必须跟踪和观察大量的人，并且标注和记录他们与他人的每一次会面，每一次谈话，每一次共进午餐，每一次在公共汽车上、在家里或在工作中的偶遇。

苏恩选择了一条截然不同的道路。他首先用从任职谈判中允诺的经费订购了 1 000 部智能手机，与他的研究助理阿卡迪乌斯·斯托普钦斯基一起为手机配备了专门为他的实验编程的软件，并将手机分发给丹麦技术大学的 1 000 名大学生。特殊软件的功能被设计为：每五分钟收集一次每个人的活动信息，这种收集行为会持续几个月，收集内容包括在脸书等社交媒体上的交流，通过智能手机的 GPS 信号测量的移动和停留地点，电子邮件往来以及短消息业务与短信交流。此外，智能手机可以通过蓝牙互相交换信号，并确定附近范围是否有另一部通过该项目分发给学生的智能手机。通过这种方式，科学家们还能够掌握受试者之间的接触情况。如果两个受试者在半径几米的范围内停留较长的时间，他们的智能手机就会记录下这个接触并将其输入数据库。在 2020 年新冠疫情期间，正是这一技术被应用于新冠警告应用程序中，这些应用程序在一些国家投入使用，用于持续追踪风险接触和可能的传染。

当然，Sensible DTU 项目的所有受试者都被准确地告知了实验项目的存在，并且知道他们在这一实验的背景下对科学家来说变得透明。研究人员可以“看到”他们喜欢在哪里吃饭，和谁成为朋友，甚至与谁同床，何时建立关系以及何时再次分手。在德国，个人隐私和数据保护原则在社会和个人层面都具有很高的地位，这种形式的研究项目会遇到摇头拒绝也是可以理解的。最终，这个实验不外乎是，以“老大哥”[①]的方式，连续几个月全天候24小时对大量人员的社会行为进行测量和量化。就像大型互联网公司谷歌和苹果一样，可以收集和评估通过智能手机记录的所有个人活动。但是，该实验与以上列举的例子仍然存在一些微小但重要的差异。首先，科学家们没有商业目的。与大型互联网公司不同，受试者的个性化数据既不会被用来交易，也不会用来赚钱。从一开始，丹麦技术大学的团队就创建了一个透明的基础架构。苏恩的基本想法是创建一个玻璃的透明实验室，让受试者深入了解所有过程、评估和结果。受试者每天都要激活自己的数据，也就是不得不一次又一次地主动、自觉地捐献一份每日数据记录。尽管有这些非常开放、清晰明了和共同参与的结构，但这样的一个实验在德国几乎是难以想象的。我的印象是，丹麦人比德国人更信任彼此。这也可以解释苏恩的盒子里那10万欧元了。因为，这笔钱最后被证实是为智能手机支付的押金总额。

Sensible DTU项目可以对社交网络结构的无数重要

① 该比喻出自英国作家乔治·奥威尔的长篇政治小说《1984》。书中当权者被称为“老大哥”，他能透过显示屏监视每一个人。

属性进行测量和量化。我们的接触网络恰恰对于传染病如新冠、流感和麻疹等病毒的传播尤为重要，因为许多病毒是通过飞沫或气溶胶，通过说话和咳嗽在人与人之间传播的。当以苏恩为首的科学家团队首次将记录数月的接触频率网络进行可视化和分析后，他们发现其与神奇峡湾宽吻海豚的相遇网络有惊人的相似之处。正如预期的那样，大学生接触网络中，每个人并非与其他所有人都具有同样紧密的“联系”。在丹麦技术大学的大学生中也有较小的集群，其成员彼此存在许多链接。集群的形成显然是社交网络的一个非常典型的特征。

3. 集群形成的社交网络研究：Jujujájaki 模型

在不同的社交网络中普遍存在集群，这说明可能有非常相似的机制在发挥作用。但那会是哪些机制呢？2007年，四位芬兰人尤西・昆普拉、尤卡－佩卡・翁内拉、杰瑞·萨拉曼基、基默·卡斯基和一位匈牙利人雅诺斯·克尔特斯开发了一个简单的模型——Jujujájaki 模型（以发明者的名字联合命名），展示了集群如何在社交网络中以十分自然的方式自动形成（见图 3–3）。该模型假设网络是动态的，节点可以改变它们的连接。此外，新的节点可能被添加进来，而与此同时，一些节点以及它们的连接会从网络中消失。在模型中，一个节点，我们暂且称之为节点 A，可以选择另一个随机节点 B，并建立到 B 的新连接（只要两者尚未连接）。如果节点 B 有其他已经建立过连接的邻

图 3–3 Jujujájaki 网络模型解释了社交网络中强互联的局部集群的产生。左边的网络显示了一个没有结构的随机网络的初始配置。如果将 Jujujájaki 模型的动态规则加以应用，真实社会网络中典型的局部强互联集群会自动出现。

居，比如节点 C，那么节点 A 也会以一定的概率与节点 C 建立新的连接。因此，B 成了 A 和 C 之间连接的中介。一个节点是否在其他两个节点之间进行中介，又取决于已经成为“朋友”的二者之间的连接有多强大。所以模型体现出了诸如信任之类的内容。以任意一个网络为基础运行 Jujujájaki 模型的算法，网络便会自动进化，发展出类似真实社交网络的集群，但前提是信任机制足够强大。

这些认识对于数学及流行病学尤为重要。多年以来，在这一领域已经建立了描述流行病传播和流行病学曲线变化的数学模型。但所有这些模型都因为没有坚实的数据基础而存在各种假设，传统模型的一个常见假设是同质种群假设，即种群中所有个体在统计学上的行为大致相同。尤其是，它假设种群都会“充分混合”，即每个人都有相同的概率与任意一人接触。如果将其看作一个网络，那么网络中所有节点都将相互连接。尽管这与常识相矛盾，但为了能够对模型进行数学分析，通常需要这些简化的假设，希望简化的假设不会对结果产生太大影响。即使人们可以将更复杂的接触网络结构很好地整合到模型中，并对这些更现实的模型展开分析，我们的接触网络结构至今为止仍然缺乏经得起检验的数据。只有Sensible DTU项目显示了这些简化的假设与现实的偏离程度。最重要的是，该项目首次捕捉到接触网络的集群特性，对传染病的传播具有巨大的影响。

新冠疫情大流行的动态也显示了这种紧密联系的集群的决定性影响。与任何一个可以人传人的病毒一样，新冠病毒只有在有足够多的接触的情况下才能传播。我们的接触可以被视为病毒的养料。因此，遏制大流行的所有措施都是基于减少人际接触。如果病毒在接触网络中遇到一个联系紧密的群体，例如儿童的生日聚会或者是婚礼庆典，这对于病毒而言正是“求之不得”的养料。

为了减少传播途径，也就是抑制病毒养料的一种有效方法是缩小群体规模，这一措施在遏制新冠疫情大流行的背景下也发挥了作用。这里举一个例子：在一个有20人参加的生日聚会上，如果所有人都与其他人交谈，就有20×19即380种可能的感染途径，因为原则上每个人都可能具有传染性并感染其他19个人。如果将人的数减少一半，即减少到仅有10个，则保留10×9即90个传播路径。这仅是原来380的不到四分之一。如果进一步减少人数，只有 5 人一起庆祝，那么感染的可能性只有 20 种。这大约是原来 380 的 5%。群体规模缩小的作用远远超出人们的预期，并且在集群结构较强的网络中特别有效。

4. 网络的共性：普遍遵循“富者更富”的幂律分布特性

由于复杂性和每个网络的独特性，诸如小世界效应或典型的社交网络集群等基本规律并不那么容易被识别。那么还有其他的规律吗？千禧年前后，也就是现代网络科学诞生之际，雷卡·阿尔伯特和拉斯洛·巴拉巴斯系统地比较了不同的网络。两人拥有三个完全不同的数据集：

1）一个由大约 20 万名演员组成的协作网络，如果网络中任意两位演员曾在某一部电影中合作过，那么两人就会被连接；

2）万维网的一个子部分，由大约 325 000 个相互链接的互联网页面组成；

3）一个区域供电网络，由 5 000 个通过电线互连的节点、开关和配电设备组成。

尽管这些网络的起源完全不同，但两位科学家在其结构中发现了另一个基本规律。他们计算了每个网络的所谓节点度频率分布。也就是计算有多少节点拥有某个特定的节点度，并列出某个节点度以多高的频率出现。这可以用一个相对而言比较无聊的模型网络来解释：完全随机的网络。我们设想一个由 100 个节点组成的随机网络是这样构建的：从一个完全连接的网络开始，其中每个节点都链接到其余的每个节点。如果有 100 个节点，那就有 4 950 个链接。然后，随机去掉一大部分链接。例如，我们去除 95% 的链接，就剩下大约 250 个。节点度分布显示，大多数节点的节点度在 5 到 6 之间。无论是非常小的节点度还是非常大的节点度都很少见，根本不会出现非常大的数值。因为完全随机去除了 95% 的链接，所以所有节点丢失的链接数量大致相同。在此过程中，没有一个节点受到特别照顾或受到更大的影响。节点度分布具有典型的钟形曲线的

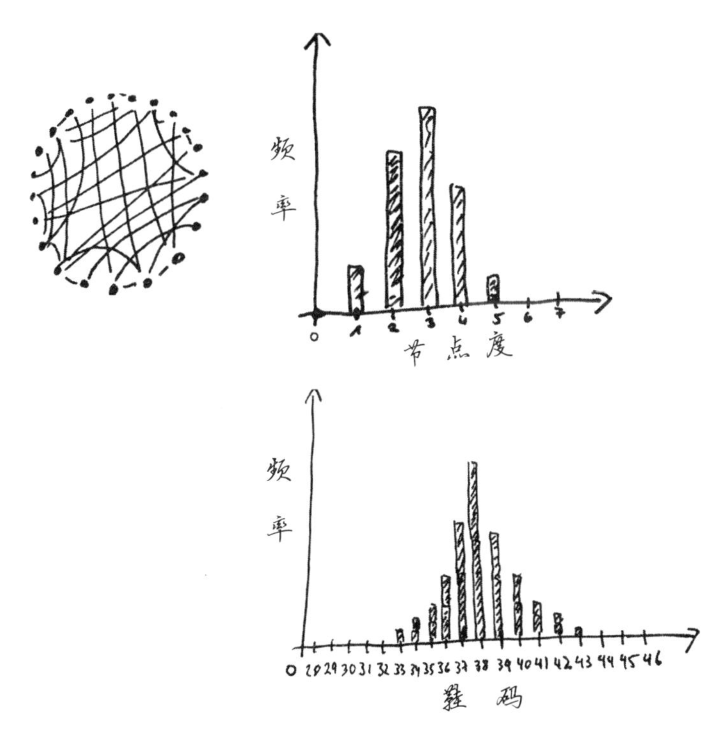

图 3–4　一个由 22 个节点组成的随机网络，仅仅展示所有可能的链接中的一部分。节点度分布具有钟形曲线的形状，就像鞋码的分布一样。

形状，正如从许多统计分布中已知的那样。再随意举一个例子，成年女性鞋码分布具有类似的形式（见图 3–4）。鞋码的典型值约为 38 码，没有人会有 2 厘米或 4 千米大的脚。这种钟形频率分布随处可见，因此也称为正态分布。

而当阿尔伯特和巴拉巴斯真实网络的节点度分布时，

他们被三个发现震惊了：第一，虽然涉及的是真实的网络，而不是像随机网络那样的数学结构，但节点度频率分布遵循明确的数学规则。第二，尽管这些网络的起源完全不同，但是这些数学定律在所有这些不同的网络中几乎是相同的。第三，这些分布的形状与人们已知的随机网络（或鞋码）的分布完全不同，它们的曲线不遵循通常的钟形，也就是说它们不是正态分布的。

真实网络的节点度频率分布遵循所谓的幂律，即一个表达节点度 K 和频率 H 关系的简单公式：

$$H \sim \frac{1}{K^P}$$

其中，参数 P 的值约为 3。这个公式说明：绝大多数的节点只有非常小的节点度，只有很少的节点连接是非常强的。节点度的分布非常广泛。

这一发现的影响非常强烈，它意味着一个典型的节点度，例如用平均值计算出的节点度，说明不了网络的情况。想要给出分布的宽度，同样也是一件很难的事。在这些网络中为节点度指定一个典型的标度是没有意义的，因此，这些网络被称为无标度网络。以鞋码分布做类比，这意味

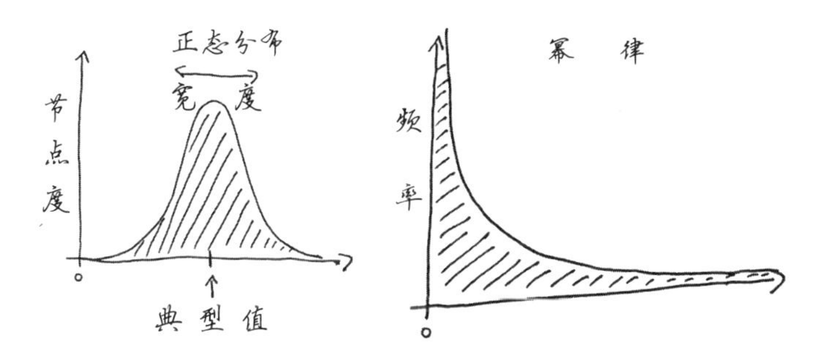

图 3–5　正态分布和幂律。

着绝大多数人的脚非常非常小，少数人的脚大 10、100 或 1 000 倍。在演员的网络中，平均节点度为 28.7。但是这个数值没有说明实际分布情况。因为所有演员中大约 96% 的节点度为 1，而只有大约 0.01% 的精英拥有超过 300 个连接。节点度特别高的少数节点在网络科学中被称为中心节点（hub），正如自行车的轮毂有很多辐条汇聚在中心，网络的中心节点也有很多链接。

但是，在所有的、完全不同的网络中，基本的节点度分布规律怎么会具有几乎相同的形式呢？这种普遍属性是所有真实网络所依据的某种简单机制的结果，还是巧合？事实上，无标度网络中的幂律可以用一个简单的规则很好地进行解释，即所谓的“优先绑定”或“富者更富”。大多数人自己都经历过这个过程。这里举一个例子：2020 年夏天，我和我的女儿在德累斯顿，像大部分游客一样，我们也闲逛着走过明茨巷，这条小巷引导着圣母大教堂和易北河畔观光平台之间的游客人流。狭窄的小巷里有许多小餐厅，有许多户外座位，通常都会满满当当。但是，如果你在非高峰时段外出游玩，你会观察到并非所有餐厅都同样顾客盈门。作为一位对这里一无所知但正在寻找好餐厅的游客，你更有可能会选择一家繁忙的餐厅，并且假设那里的食物更好。因此，如果一位游客选择了这家餐厅坐下，那么接下来的游客将有更大的可能决定选择这家餐厅。即使客观上所有餐厅都一样好，这种自我强化的效应也可以导致少数餐厅比其他餐厅更具吸引力。翻译成网络科学的语言，可以提出以下过程：

假设我们从一个由随机连接的节点组成的小型网络开始。新的节点被一个接一个地添加进来。每个新节点与一个随机选择的节点相连接，在这个过程中，连接到一个已经有稍微更强连接的节点的概率更高。这样，网络中连接强大的节点会更频繁地“收集”新的节点，而且对下一批新来者更具吸引力。如果让这样的网络发展壮大，一旦

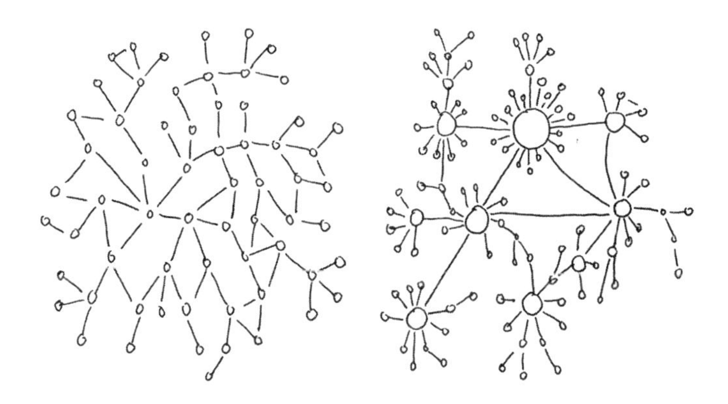

图 3–6　随机网络。在左图的网络中，节点度仅在 1 到 10 之间略有变化。
右图是无标度网络。大多数节点只有很小的节点度，
而少数的若干中心节点的节点度非常大。

达到某一个确定的规模，网络就会开始遵循阿尔伯特和巴拉巴斯在真实网络中观察到的基本规律。最终结果是产生一个无标度网络，其中少数节点是强连接的，许多节点只是弱连接的。如果让网络在节点完全随机连接的情况下发展壮大，即没有“优先绑定”机制，所有节点将具有大致相同的节点度。优先绑定机制也被称为“富者更富”效应，原因十分简单。谈到财富，我们知道，那些已经富有的人自然会更容易变得更富有，因为他们有更多的钱可以用于投资和工作。这种效应在社会学中也被称为“马太效应”，可以追溯到《圣经・马太福音》中的一句话：“凡有

的，还要加倍给他叫他多余；没有的，连他所有的也要夺过来。”事实上，例如收入也是无标度分布的，并且遵循数学幂律。这里的定律甚至有一个名字：帕累托定律，以意大利经济学家维尔弗雷多·帕累托（1848—1923）的名字命名，他因研究收入分配问题而闻名。例如，如果在1 000人中999人的年收入为1万欧元，而一个人的收入为5亿欧元，那么所有人的平均收入约为50万欧元，但这并不能反映实际情况，事实上几乎所有人收入都非常低，唯有一个人收入颇丰。因此，想要从一个社会的平均收入中得出有意义的结论是不可能的。

在发现无标度之后不久，由瑞典社会学家弗雷德里克·里耶罗斯和物理学家路易斯·阿马拉尔领导的一个科学家小组调查了以4 781名瑞典人为代表的群体的性行为。在精心设计的调查中，受试者被问及他们在过去12个月中性伴侣的数量。在调查结果中可以发现，这个性关系网络也遵守普遍幂律（即Potenzgesetz，这个词在这种情况下有双重含义[①]），而且网络是无标度的。在男性和女性受

① Potenz在德语中有“性能力”的意思，此处作者采用了幽默的表达，第二重含义是指“性关系网络也取决于性能力的比拼”。

试者群体中，节点度频率分布体现着相同的数学定律。然而，在男性的调查结果中存在微小但系统性的差异。科学家们追踪调查了这个微小的差异，发现被调查的男性受试者在他们的陈述中会有意识地撒一些谎，并经常夸大他们性伴侣的数量。性伴侣网络也体现出一个特点，就是大多数人只有很少数量的关系，少数人关系很多。但正是这种特性决定了通过性行为传播疾病的传播情况。那些具有许多连接的少数节点就是所谓的“超级传播者”，如果他们自己已被感染，就可以通过其众多的接触“节点”将疾病传播到网络中很“远”的地方。因此，无标度现象在传染病的传播以及对抗传染病方面都发挥着重要作用。

5. 网络科学研究的意义：疫苗接种

在同年发表的一项研究报告中，亚历山德罗·韦斯皮尼亚尼和罗穆阿尔多·帕斯托尔－萨托拉斯研究了流行病如何在无标度网络中进行传播，并将结果与（在传统模型中假设的）同质网络中的传播进行了比较。通过使用数学模型，科学家们能够证明，在无标度网络中，传染病的动态速度要快得多，也更难控制，即使平均而言被同一个人感染的人数在两个网络中大约相同。

要理解这些结果，最恰当的例子是疫苗接种。首先，让我们想象一个“正常”的随机接触网络，其中每个人大约有 4 个联系人，也就是每个节点都与大约 4 个其他节点相连接。现在我们假设每个连接都可以传播传染病。如果有一个人通过一个连接被感染，那么这个人将通过剩下的 3 个连接感染另外 3 个人。这 3 个人每人又分别感染其他 3 个人，即 9 个。在下一步中，感染数量是 27，然后是 81，依此类推，一场流行病正在整个网络中蔓延。现在，在这个假想实验中，可以对一定数量随机选择的节点进行“疫苗接种”。由于所有网络节点的连接强度大致相同，因此对哪些节点进行疫苗接种并不重要。然后，已经接种疫苗的节点既不会被感染，也不会传播感染，所以它们的连接对于感染过程不起作用。因此，我们可以在想象中将“已接种疫苗”的节点，包括其所有链接，从网络中去除。

如果我们至少为 75% 的节点接种疫苗，这也意味着剩余节点的平均节点度降低了 75%，因为未接种疫苗的节点也会失去链接。在变得稀疏的网络中，节点不再平均有四个连接，而是只有唯一的一个连接。如果其中的一个节点被感染，它就不能感染任何其他节点，流行病就不能再传播了。这样，疫苗接种就会阻断疫情蔓延。

我们也可以从几何学角度解释疫苗接种的效果。如果为必要数量的节点接种疫苗，整个网络就会分解成许多小的、不再连接的碎片，碎片之间不再有任何传播路径。而这正是在无标度网络中行不通的地方。如果在无标度网络中随机对某一部分的节点进行疫苗接种，比如还是 75% 的节点，只会有少部分触达真正造成传播的少数超级传播者，而大多数会触达只有很少链接的节点。超级传播者的存在使得整个网络的绝大部分在相同的疫苗接种覆盖率情况下仍能确保相连。无标度网络面对随机疫苗接种策略具有抵抗力。但是，如果确定了谁是超级传播者，那么情况就大不相同了。在这种情况下，只须对这一小部分超级传播者进行免疫，就将取得巨大的成功。当然，唯一的问题是，人们无法事先知道，种群中的哪些人是这样的超级传播者。

在这种困境中，网络理论的认识可以带来帮助。即在网络中，一个节点连接着的“邻居”平均比节点本身具有更大的节点度。用社交网络做比喻的话：“你的朋友比你拥有更多的朋友。”这听起来像是一个悖论（所谓的朋友悖论），却是事实。使用一个理想化网络可以很好地生动阐明这一点。

图 3-7 显示了一个由四个人组成的简单网络。为了不必总是写“节点度”这个词汇，我们使用字母 K 来替代，这是网络理论中的惯例。

图 3-7　一个简单的由四人组成的网络。平均节点度 K=1.5，平均相邻节点度 Q=2.5。

三个人的 $K=1$，一个人的 $K=3$。所以平均值为：

$$K\text{ 平均值} = (1+1+1+3)/4 = 6/4 = 1.5$$

让我们用 Q 来表示一个节点的朋友（网络中的“邻居”）的平均节点度。外围的人只有一个“邻居”（中间那个人），并且 $K=3$，所以对于外围的人来说，平均相邻节点度为 $Q=3$。中间那个人的朋友的节点度都是 $K=1$，所以中心人的相邻节点度 $Q=1$，得出结果如下：

$$Q\text{ 平均值} = (3+3+3+1)/4 = 10/4 = 2.5$$

我们首先必须深入地看一下这个现象。在无标度网络中，平均节点度与平均相邻节点度之间的差异尤为明显。直观地说，你无须进行任何计算即可理解这一点。请你再看一下图 3–6 中的无标度网络。如果在这个网络中随机选择一个节点，你将很有可能捕获到一个 K 值较低的样本，因为这种类型的节点数量很多。但是如果选择这个节点的一个邻居，你将很可能会选择一个中心节点，因为这些节点在网络中有很多链接。正是基于这一原则，鲁文·科恩、什洛莫·哈夫林和丹尼尔·本－阿夫拉汉姆于 2003 年基于一个理论模型提出了一个比较巧妙的疫苗接种策略，可以在事先不知道具体身份的情况下以高概率触达超级传播者。

在他们提出的模型中，科学家们研究并比较了两种场景。在第一个场景中，网络中的一部分节点被随机接种疫苗。在第二个场景中，被随机选择的节点的一个随机相邻节点被接种。结果令人惊奇：第二种疫苗接种策略效率更高，因为网络中的“超级传播者”会有更高的可能性通过接种被自动从系统中去除。转换到现实世界，不仅应该直接说服人们为对抗传染病自愿接种疫苗，还要说服他们劝说熟人接种疫苗。或许有朝一日这些见解能付诸实践。

我们这里所讨论的例子只是快速发展的网络科学研究领域的一小部分。在世界各地，越来越多的科学家正在运用网络思维来更好地理解各种各样的系统，如生态系统、神经系统、金融市场、细胞中的基因调控（我们将在“临界点”一章中了解更多相关信息）、基础设施和信息系统，以及许多其他系统。作为复杂性科学的一部分，网络研究同样也是跨学科的，因为它揭示了完全不同现象的结构之间的相似性，特别是在社会和生物系统之间的相似性。近年来，世界各地相继建立了跨学科网络研究所。许多研究所都吸引了来自各个专业学科的知名科学家，他们聚集在那里从事研究工作。可惜的是，德国直至今日还没有这样的研究所。

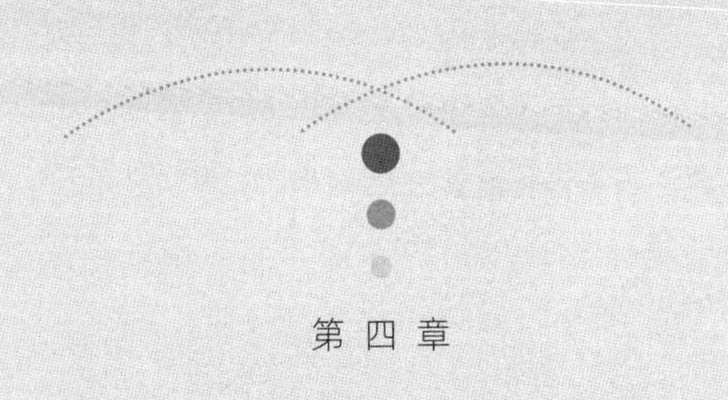

第 四 章

临界系统

一个不太可能的事件发生的概率很高，

因为有太多不太可能发生的事情存在发生的可能性。

伯·巴克（1948—2002），丹麦物理学家

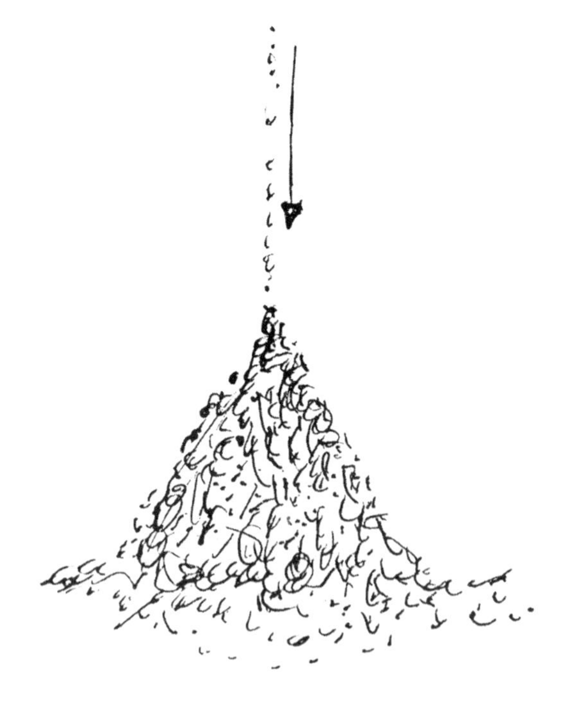

我在德国不伦瑞克郊区一个拥有大约 4 000 名居民的村庄长大。在我的童年时代，也就是 20 世纪 70 年代末，生活故事大多发生在乡村的新鲜空气中，那个时代的社交方式就是人与人之间需要当面联络，并且紧密相连。虽然并不是每个人都认识其他所有人，但所有人都认识克劳斯·克莱因威希特。克劳斯·克莱因威希特是我儿时的英雄。我对克劳斯的记忆很模糊，他比我大六七岁。克劳斯很小的时候就留着络腮胡子，穿着一件无袖牛仔夹克，是一名“冒险家”。即使是那些不怕他的人，也都对他很尊重。没有人质疑克劳斯。

克劳斯通过各种无所畏惧的冒险行为赢得了他人的尊重。他其实是一个安静的人，只在事态严重和危急情况下出手行动。当时我们的一个中心聚会地点是村庄边缘的一个小水塘，直到 20 世纪 60 年代末，志愿消防队一直将其用作消防水池。当我还是个孩童的时候，冬天仍然很冷，以至于水塘经常结冰。记得我们这些孩子经常在岸边站上几个小时，向水塘里扔棍子和石头。但没有人敢第一个从冰面上走过去。我们的父母禁止我们这样做，但总得有人检查冰层是否牢固。每年冬天，都是克劳斯第一个勇于上场的，他依然穿着他的无袖牛仔夹克。我们高度紧张地看着冰层是否能经受得住。克劳斯可以处理危急情况。他是跨越界限的人。尽管克劳斯是村里青年人的社会结构中的一个特殊存在，但他的举止却很自然地以某种方式进行。

有数量惊人的自然和社会过程都发生在关键的临界边界上，并且共同具有一些基本特征，尽管这些过程在表面上看起来完全不同。更重要的是，这些过程自然而然地发展出一种内在的临界性。地震、流行病、大脑中的神经元活动、森林火灾、雪花形成、时尚、恐怖主义和生命本身都是动态过程，总是在阈值处展开。冬天穿越水塘在两个方面很好地隐喻了临界系统和过程的典型特征。当克劳斯每年第一个踏上冰面时，大家并不清楚：他是会成功，还是会掉进水塘里？在临界系统中，最小的变化可能导致非常不同的结果。如果我们在假想实验中系统地研究这一点，就会让克劳斯走过不同厚度的冰层，从而计算出他掉

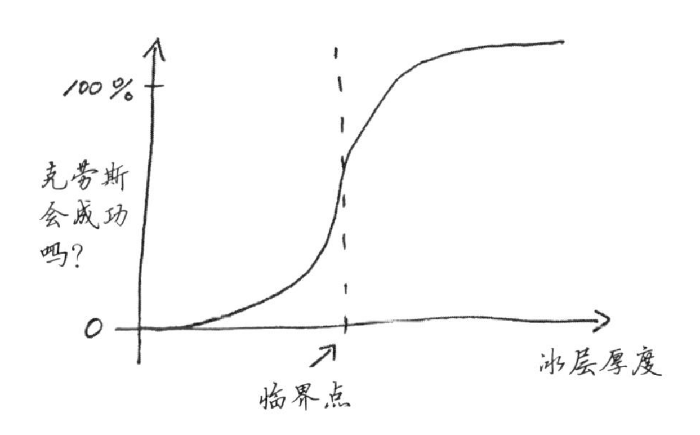

图 4–1　克劳斯 · 克莱因威希特假想实验。

进水塘里的概率（见图 4–1）。

我们将大致得出图中描绘的结果。该曲线被称为 Sigmoid 函数，也称为 S 型生长曲线，因为稍微想象一下，曲线看起来像一个“S”。对于冰层厚度与断裂概率之间的这种依赖关系，中间区域是重要并且典型的。正是在这里，在这个临界区域，克劳斯采取了行动，这里的某个地方存在着临界点，即可预测性最低的点。但是，克劳斯为什么会在这个位置呢？一方面，很显然的是，因为在图的左侧区域描述的情况下，冰层是支撑不住的，这点完全是一目了然的，而在右侧区域描述的情况下，不仅仅是克劳斯，每个孩子都可以毫无问题地大踏步穿过冰面。

“冰”本身与临界状态有关。我们每个人都知道，水和大多数化学物质一样，具有三种不同的聚集状态：固体、液体和气体。在正常的外部压力下，水在 100℃时开始沸腾，并变成气态，在 0℃时冻结成冰。这两种转变都很关键，外部条件的微小变化会导致水的物理性质发生极大的变化。我们已经习惯了，这对我们来说就是一种日常体验。但人们也可以想象，随着温度的下降，水不断地转变，最终结成冰，变成固态。事实上，这种连续的转变对于水而言也是可能的。在极低的压力（小于约 0.006 bar[①]）情况下，可以直接发生从气态到固态的转变。在这种外部压力下，水永远不会是液态。另一方面，当温度高于约 373℃时，不会发生液态与气态之间的突然过渡。在这种条件下，水的性质取决于压力和温度，但会持续不断地变化，从来不会突然发生变化。在外部压力大和温度高的情况下，水是处于超临界状态。例如，在深海热液喷口，即所谓的“黑烟囱”中，可以找到超临界水。

有许多书籍都以不同物质状态背后的物理学为主题，

① bar（巴），早期气象学的常用压强单位。1 巴 =100 千帕 (kpa)。

有趣的是，“水”作为日常物质始终都在提出未被解答的问题。需要再次重申强调的是：有时在临界点上，条件的微小变化会产生巨大的影响，这是非常自然和典型的。这也可以在各种生物、生态、社交和社会现象中观察到。我们已经看到了萤火虫的自发同步以及猞猁和北极兔种群的振荡。随后我们将更加细致地讨论动物和人类的群体行为、社交媒体中观点和“假新闻”的传播、社会中的政治极化，所有这些都是带有临界相变的现象。

1. 自组织临界性：动态系统自发趋向临界点

有趣的是，有多种复杂的动态系统貌似都在“寻找”它们的临界点，在没有任何外部影响的情况下“移动”到它们的临界点并保持在那里不动。水的聚集状态是由外部压力和温度决定的，并且只能通过精准的“调谐”才能够实现临界相变。与水不同，许多自然系统自发地发展到临界状态。这些系统将自己变得临界。

新冠疫情大流行就是一个很好的例子。2020年春天的第一波疫情之后，在我们这里的每个人都知道了“繁殖数”这个概念，即 R 值。帮各位回忆一下：R 值是一个感染者将病毒传播给其他人的平均次数。如果 R 值为 2，如有 8 名感染者，那么他们平均将病毒传播给其他 16 人，这些人又传染了 32 人，下一步感染人数是 64。结果是感染人数迅速呈指数增长。反过来，如果 R 值只有 0.5，那么 8 名感染者继续传染的人数只有 4 人，这些人又只传染了 2 人，感染人数在下降。很显然，$R=1$ 是一个临界值，它决定了流行病是爆炸性蔓延还是逐渐消退（见图 4–2）。

你还记得那些讨论吗？科学家与政治家一再强调将 R 值下降到 1 以下并保持的重要性。R 值并非是特别针对新冠病毒的数值，它是流行病学中最重要的参数之一，因为它决定了会发生的是流行病暴发还是病原体自行消失，与特定的传染病或病原体无关。

在大流行病蔓延期间会对 R 值进行持续观察。在疫苗接种可以对疫情大流行产生重大影响之前，R 值总是在临界值 $R=1$ 附近波动，有时略高于临界值，病例数上升，然

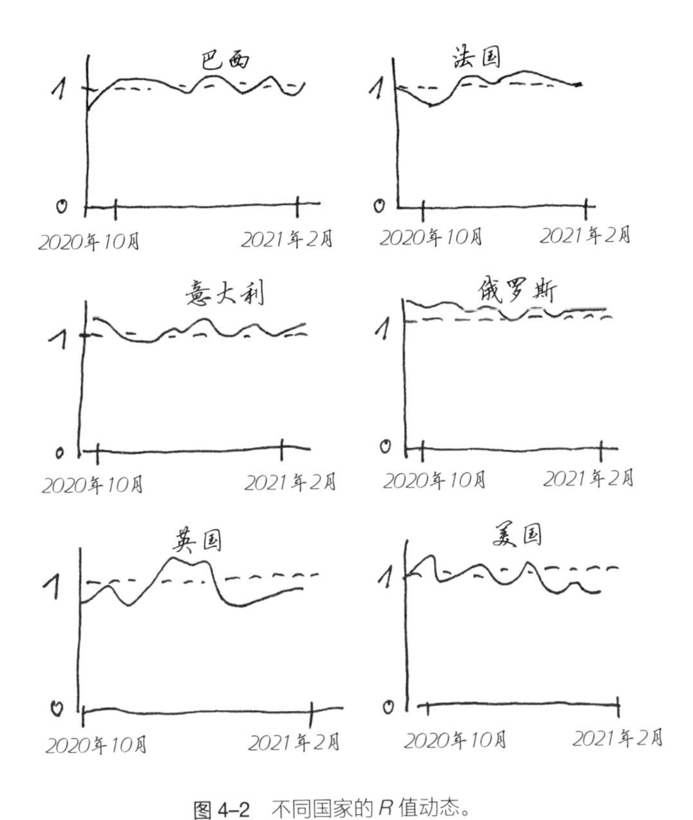

图 4–2　不同国家的 R 值动态。

后有时又跌破临界点，病例数下降。这是巧合，还是背后隐藏着更多的奥秘？我们稍后将看到，整个系统的动态会自行“寻找”这个临界区域，甚至不可避免地会在这个数值上趋于平稳。为了理解这一点，我们必须进一步深入挖掘，并且将时钟回拨约 100 年。

2. *SIR* 模型：分析临界系统

大约一个世纪前，医生、流行病学家安德森·麦肯德里克和生物化学家威廉·克马克对传染病的传播进行过思考。在一系列科学论文中，他们开发了用来描述流行病动态发展的数学基础。如今的许多模型都可以追溯到这些开创性的工作，定量流行病学也由此产生。

两位科学家发现，无论是由何种病原体导致，流行病通常都有相似的流行过程。因此，他们假设可以将流行病的基本要素转化为简单的数学模型，并且提出了所谓的 *SIR* 模型（见图 4–3）。在这个模型中，假设宿主群体，即我们，由三个不同的群体组成：1. 易感群体（S），指可以被感染的人群；2. 感染者或传染者（I），指可以传染他人的人群；3. 因免疫或死亡而不再参与感染过程的人（R，表示“移除”）。

SIR 模型基于两个简单的反应。传染是由以下反应来

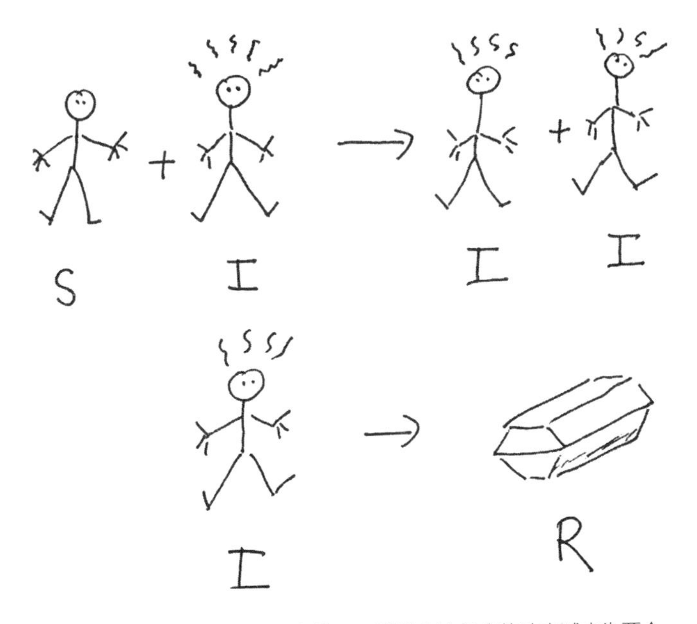

图 4–3 麦肯德里克和克马克的 *SIR* 模型将流行病的动态减少为两个基本反应：第一，传播，即当一个健康人遇到一个感染者，并且被传染；第二，通过免疫或死亡将感染者“移除”。

描述的，即：

$$S+I\rightarrow 2I$$

用文字表达：一个被感染的人（I）遇到一个健康的人（S），有一定的概率 S 被传染，变成 I。

第二个反应是：

$$I\rightarrow R$$

这表示：受感染的人在典型的染病后进入“*R*”状态，因为他们要么自己免疫，要么死亡。在这两种情况下，他们都不会再参与感染过程。当然，“真正”的流行病要复杂得多，人们的行为各不相同，对某一特定病毒的反应也不一样。通常有可变的潜伏期，并非所有人都相互接触；正如我们在上一章中所了解到的，联系网络会在其中发挥作用。*SIR* 模型忽略了所有这些细节，但描述了感染过程动态的精髓，也就是本质。*SIR* 模型有两个重要参数：感染的典型病程 *T* 和感染者在人群中引起的典型感染次数，即繁殖数——*R* 值。

当然，这个数值取决于人群中有多少人可以被感染。通过疫苗接种等手段获得免疫的人越多，感染可能发生的频率就越低。因此，克马克和麦肯德里克引入了基本传染数 R_0，即一个人在完全易感人群中所引发的感染数量。在流行病学中，R_0是传染性病原体最重要的特征参数，并且决定了病原体是否可以传播以及传播的速度有多快。例如，麻疹传染性很强，基本感染数为 12 ～ 18；新冠病毒以 3.3 ～ 5.7 位于中间区域；流感病毒的数值较低，在 1 ～ 2 之间。如果将简单的反应图表转化为数学方程，就可以从数据的角度解析流行病进程，并与真实的流行病进程进行比较。如果我们在基本繁殖数大于1的情况下从少量的感染者开始，模型就会描述流行病的典型过程，最初呈指数级增长，达到最大值，然后因为人口中已没有足够的人可以被传染，流行病会渐渐消退。经过多长时间后可以达到感染峰值，以及最大值有多高，这取决于参数 T 和 R_0。因为通常不知道究竟是谁传染了谁，所以无法很好地对 R_0 直接进行测量，因此，*SIR* 模型被用于通过与真实流行病学曲线的比较来估计该数值。

SIR 模型还表明，临界值 $R_0=1$ 将两条完全不同的曲线分开（见图4–4）。如果 R_0 大于1，则流行病暴发；如果 R_0 小于1，则病原体无法传播。因此，我们不必从根本上预防所有感染；这在实践中也几乎是不可能的。人们只需要确保每个具有传染性的人平均传染的他人少于1个。如此一来，病原体便没有传播机会了。

SIR 模型的核心理念可以立即应用于其他临界系统。“感染”和“康复”的机制可以很容易地借鉴。在关于疫情大流行的公开讨论中，我本人曾多次试图用森林火灾来进行类比是因为森林火灾遵循非常相似的规律。如果没有

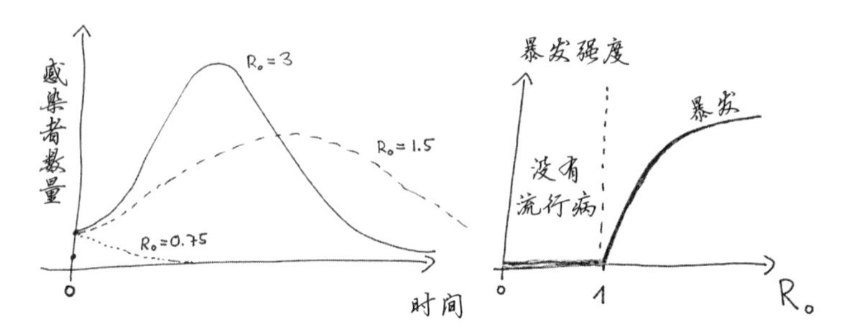

图 4–4　左图：*SIR* 模型中的典型流行病曲线。
右图：暴发强度与 R_0 的函数关系。临界值为 1。
在这一区间，R_0 的微小变化会产生很大的影响。

采取遏制措施，并且某一区域森林覆盖率高，植被茂密，那么火灾就会像流行病一样无法控制而迅速地蔓延。

3. *SIR* 模型应用：火灾与群体免疫

让我们在脑海中想象一个大的森林区域被分成一个个较小的地块（见图 4–5）。抽象地说，单个地块可以处于两种状态：燃烧（“被感染”）和不燃烧（“易被感染”）。一个燃烧的地块有一定的概率点燃（“感染”）相邻的（“健康”）地块。一段时间后，地块燃烧殆尽，仅由剩下的灰烬组成，无法再次被点燃。如果一个地块在相邻地块被点燃（“感染”）之前迅速烧毁，火势就不会进一步蔓延。与流行病一样，这是仅由一个中心参数决定的临界现象。

森林火灾模型还可以用于另一个重要的认识。我们假设一部分地块有森林覆盖，另一部分是空地，分布是随机

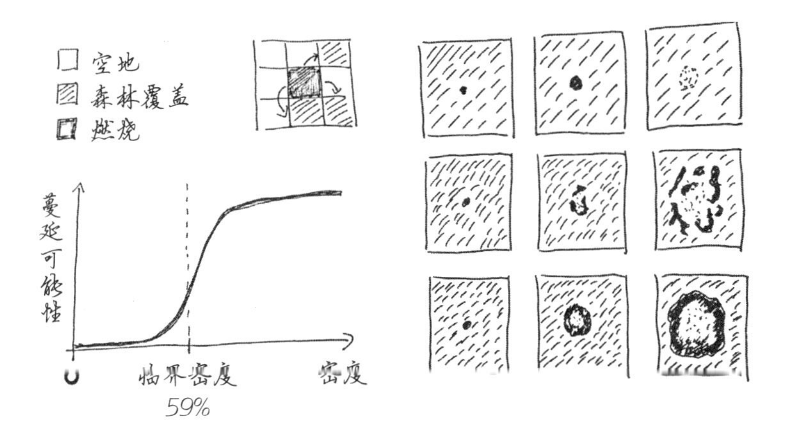

图 4–5 一个简单的森林火灾模型。左图描述了网格地块的三种情况：空地（白色）、森林覆盖（灰色）和燃烧（黑色）。一个燃烧的地块可以点燃相邻的林地。右图：如果森林密度高，火灾可以不受阻碍地迅速蔓延（下面一排从左到右表示随着时间的推移）燃烧面积逐渐扩大。如果森林密度低，火势消退（上面一排）。临界密度大约为 59%（中间一排）。

的。只有森林覆盖的地块才能燃烧。整个区域内森林的密集程度在模型中是一个参数，可以进行设置。最初，一小部分林地被点燃，这反过来也会威胁到相邻的林地。如果森林密度足够高（例如 90%），火灾将迅速蔓延到这一区域的边缘。但是，如果只有 20% 的地块被森林覆盖，那么火势就无法进一步蔓延，因为火势烧不到相邻的林地。

但是这个简单模型中的临界森林密度在哪里？你或许认为这一数值应该是 50%。事实上，这个数值大约是 59.27%，为此提供数学证明并不简单。但如今，人们可以通过计算机模拟轻松找出这个临界值。图 4–5 描绘了不同森林覆盖密度下的森林火灾模型模拟情况。

森林火灾模型还清楚地解释了群体免疫的效果。如果将模型转换回流行病学场景，则可以清楚地说明疫苗接种的效果。接种过疫苗的人都不再参与感染过程。这些人既不会被感染，也不会传染他人。这些人对于病原体来说，就像森林空地对于森林火灾一样。你可以想象一个网络模型，其中节点代表人，连接代表两个人之间可能的联系。我们假设每个节点平均有三个联系人。网络作为一个整体相互关联，从某一节点通向其他任何一个节点有一条短距离路径。在如此高度网络化的组织中，病原体可以迅速且不受阻碍地传播，因为每个节点都有大约三个其他的联系点。单个节点随机选择“接种疫苗”，意味着从网络中删除其所有链接。到了某个程度之后，网络会分裂成小碎片，病原体无法再传播。在网络中，从相互连接到碎片化的转变也不是连续不断发生的，而是突然之间发生的。

4. *SIR* 模型局限性：社会因素考量

克马克和麦肯德里克的 *SIR* 模型描述了传染病传播的基本特征。但是，这一模型没有考虑一个关键因素：我们对大流行病的反应。我们是有意识行动的、知情的宿主，会对大流行病做出反应。

这种对大流行病的社会反馈并不包括在 *SIR* 模型中。所以，模型只描述了一个我们没有察觉到，并且没有做出反应的传播进程。在假想实验中，我们可以想象一种温和的新冠病毒变种的传播，只会引起轻微症状。从病毒的角度来看，这种情况将会是理想的，因为我们甚至不会想到与病毒做斗争。让我们全程演练一下：新冠病毒的基本繁殖数 R_0 位于 3.3 ～ 5.7，我们取其中间值 4。病程约为 14 天。如果这种“友好的”新冠病毒变种在德国不受干扰地进行传播，那么病毒大流行的峰值将在大约 8 周后达到。最高峰时，最多达 3 000 万人同时具有传染性，相当于每天 30 000 人的发病率。仅仅 150 天后，可怕的疫情就会结束，8 300 万人口中只有大约 150 万人从始至终没有被感染。

而实际情况看起来完全不一样。当病毒传播到德国，德国的病例数急速增加时，社会和政界做出了反应，并且通过自愿或强制减少接触来降低 R 值。2020 年 3 月底，R 值已经明显低于 1，阻断了第一波疫情的传播，病例数慢慢下降，夏季再次趋于平稳，持续处于低水平。要求放松管控的呼声高涨，因为经济成本和可以感受到的个人牺牲是巨大的。而后由于管控放松，R 值再次上升，病毒得以再次传播，为此人们的应对是避免接触，政府再次采取了相应的政策措施。第二次封锁来了，病例数下降了，管控又放松了；第三波疫情又来了，人们再次实施措施努力阻断疫情传播。“新冠封锁溜溜球效应”一词变得尽人皆知。

因此，大流行病和社会行为变化之间的耦合遵循了“激活剂–抑制剂”原理，我们已经在“同步现象”章节中关于北极兔和猞猁的洛特卡–沃尔泰拉模型中了解了这一原理。正如我们在那一章节所了解到的，就像猞猁和北极兔一样，新冠疫情大流行表现出清晰的、反复的波动动态，也就不足为奇了。

尽管新冠疫情大流行在许多国家的发展进程各不相同，但始终存在着一个动态平衡，其中 R 值围绕临界值 R=1 波动，病毒的传播和应对的措施保持平衡。疫情大流行与社会反应之间的耦合过程不可避免地导致整个系统自行向临界点移动。

因此，即便无法对个人的行动和决定进行建模，也必须始终将一个大流行病视为一个整体系统，并将社会的反应纳入动态考量。但是这种自组织的临界性又有多么典型和自然呢?

5. 沙堆与森林火灾模型：系统波动性

1987年，丹麦物理学家伯·巴克（1948—2002）跟踪研究了这个问题。他怀疑，复杂的动态系统——包括自然界中的和社会中的——有自行发展到临界点的倾向。巴克开始寻找一种模型，这个模型一方面在概念上结构非常简单，可以容易地进行数学处理；另一方面又非常通用，可以很容易地转化为具体的应用模型。他“发明”的是一个沙堆。他与美国人库尔特·维森菲尔德和中国人汤超一起创建了巴克－汤－维森菲尔德沙堆。这个非常抽象的模型描述了当沙粒缓慢而稳定地从一个开口中流出时，锥形沙堆是如何逐渐形成的。你们中的大多数人曾经都应该在沙漏中观察到这种现象。首先形成一个平坦的小山丘，它不断地增长，并在侧面变得越来越陡峭，直到出现小的崩塌开始滑落；沙堆又变平了，然后一切又从头开始。由此建立了动态平衡：侧面总是保持一定的坡度，以至于沙堆总是具有临界倾斜度。

物理学家芭芭拉·德罗塞尔想出了一个更加注重应用的模型版本。1992年，她开发了一个比上述模型复杂一些的森林火灾模型。在德罗塞尔模型中，森林会重新生长。单个的森林地块可以延伸扩展到相邻的未被森林覆盖的地块，从而使整个区域逐渐被森林所覆盖。另外一个假设是，由于雷击而发生的区域性森林大火会吞噬毗邻的连成一片的森林地区，尽管这样的森林大火十分罕见，但偶然会发生。基于上述假设，从长远来看，系统趋向达到动态平衡状态，再生森林与自发森林火灾造成的破坏相均等。在这种动态平衡中，森林密度正好与临界密度相符，这种密度情况下森林大火可以达到大面积蔓延，但是不会将森林烧光，个别的森林“孤岛”仍然留存。

很明显，这种相互调节的机制会导致系统自行达到其临界点，这适用于新冠疫情大流行、沙堆和森林火灾。但是，是什么使系统如此神奇地被它们的临界点吸引呢？令人惊讶的是，处于临界点上的各类系统都具有普遍的特性，这些特性与是否涉及物理、生物、生态或社会的过程无关。

系统似乎会发出信号，证明临界现象的发生。当我们不是确切知道系统在哪些条件下会达到临界状态，这一点就变得尤为重要。与水不同，我们无法对生态和社会过程进行任何受控实验并对临界区域进行测量。

动态过程在临界点的一个基本属性是极其强烈的“波动”。这是什么意思呢？在简单的沙堆模型中，人们可以掌握小沙崩到底有多大，例如通过计数来确定，一次沙崩中涉及多少颗单独沙粒的参与。如果以图像记录沙崩大小的频率分布，你会发现它们遵循我们在“复杂网络”一章中已经了解的数学定律：幂律（见图 4–6）。在无标度网络中，少数节点的网络互连非常多，而许多节点的网络互连非常少，也就是富者更富效应。类似地，人们在沙堆崩塌的大小分布中发现有许多小崩塌和少数大崩塌。人们也可以预料到，在中等规模的崩塌中，沙堆是通过持续不断地清除侧面的沙子来维持临界平衡。

如果我们测量由雷击引发的森林火灾的蔓延程度，那么在芭芭拉·德罗塞尔的森林火灾模型中也可以找到同样的规律。现在人们可以将沙堆模型以及德罗塞尔的森林火灾模型视为对现实的荒诞的简化。毕竟，现实中没有一片

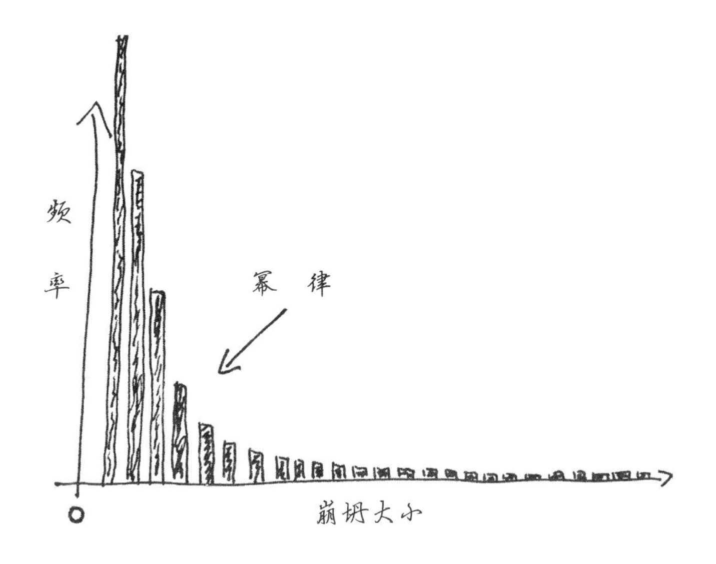

图 4-6 沙堆的幂律。

森林是由方形网格组成的。然而，令人惊讶的是，对森林火灾地区卫星图像的评估证实了假设的规律。通过实验，我们还可以在许多不同的系统中找到普遍的幂律。地震就是另一个例子。地震的强度遵循相同的规律，许多非常小的地震与罕见的非常强烈的地震交替出现。对于地震，也有非常简化的数学模型可以解释这种效应，尽管这些模型忽略了许多细节。

6. 生命进化与技术创新的临界性特征：突变、间断平衡和幂律分布

正如之前所述，森林火灾、大流行病和地震是公认的灾难性事件。但从根本上来说，生命本身看上去也是一种临界现象。从地球发展史上看，始终不断出现新物种，而其他一些物种则走向灭绝。查尔斯·达尔文为这些进化过程提供了科学理论。例如，随机的基因突变会导致新的变体的产生，由于这些变体能更好地适应环境，因此被选中并在竞争中脱颖而出。尽管古生物学的调查结果倾向于表明，新物种是在相对较短的时间内以非常高的速度跳跃式产生，但是达尔文的理论将进化过程描述为一个渐进的、持续不断的小步骤变化。大约在5亿年前（寒武纪初期），今天地球上几乎所有动物门类都在地质意义上很短的只有500万到1 000万年的时间段内出现了。因此，人们也将之称为寒武纪物种大爆发。1972

年，古生物学家斯蒂芬·杰·古尔德和奈尔斯·艾尔德雷奇发表了一篇题为《间断平衡：种系渐进论的替代方案》的论文，他们在论文中打破了进化只是渐变的观点。他们认为，在进化过程中，没有重大变化的稳定阶段与快速变化的不稳定阶段交替出现（见图 4–7）。

“间断平衡”的假设一直以来都是进化论科学家们争论的问题。传统的数学模型，用简化的术语描述进化过程，无法解释稳定和快速、不稳定的物种爆炸的交替阶段。然而，在 1993 年，伯·巴克与他的丹麦同事基姆·斯耐彭一起合作，再次开发了一个简单的数学模型，这一模型也

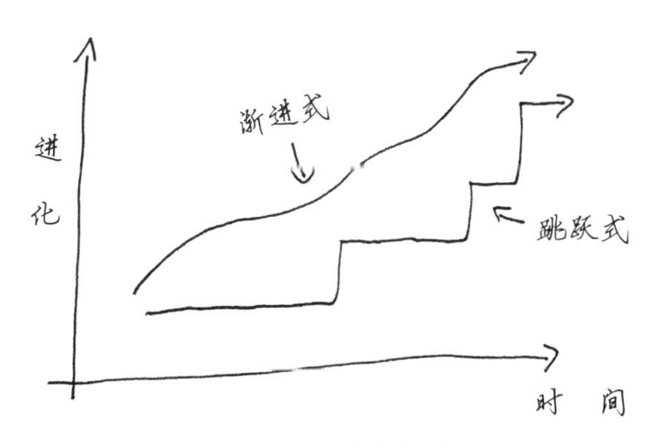

图 4–7　跳跃式进化。

可以应用于物种的进化。在模型中，各个物种都具有一个适应度，可以根据进化论的简单原则发生变化。但是，在巴克–斯耐彭模型中，一个物种适应度的改变也会影响与原始物种相互作用的其他物种的适应度。因此，我们又是在对一个网络的模型进行讨论。用计算机进行模拟时，巴克–斯耐彭模型精确地描绘了稳定性和突变的假定阶段。在大多数情况下微小的变化都没有什么影响，但有可能引发突然的进化级联。

巴克–斯耐彭进化模型还显示了必然自行产生的临界行为。这一模型还提出了另一个实际上通过化石发现得以证实的重要论述，模型显示了物种如何随着时间的推移而灭绝：物种不是逐渐灭绝，即每个单位时间消失的数量大致相同，而是分批次突然灭绝。每一批灭亡的规模遵循幂律，就像沙堆的崩塌或森林火灾一样。

我们现在知道，地球发展史中曾发生过一些非常大规模的物种灭绝，最近一次是在大约 6 500 万年前，一颗陨石撞击地球，结束了恐龙时代，并引发了一波进一步的灭绝浪潮。然而，大约 2.52 亿年前，发生了最大规模的生物大灭绝。超过 95% 的海洋生物和四分之三的陆地动物消失了。这对生物圈的影响是如此巨大，以至于大气中的氧气减少了一半以上。除此之外，还有许多小规模的灭绝。如果评估所有灭绝事件强度的频率，就会发现：幂律。

进化机制也可以转移到社会过程中。创新是根据非常相似的基本规则进行的。技术不断变化、优化，并始终不断适应要求。人们也可能会认为这一过程是通过渐进的步骤推动的。但是我们所了解的事实则是，技术进步是突发的、进阶式的，一个微小的变化，例如手机触摸屏的发明，一方面可以引发一连串的技术创新，另一方面可以引发过时技术的“淘汰”。事实上，创新进阶和科学进步遵循相同的规律：间断平衡和幂律。

即使是人类最黑暗的一面，即恐怖主义，似乎也遵守临界性的基本法则（见图 4–8）。2007 年，美国计算机科学家亚伦·克劳塞特对自 1968 年以来 180 多个国家里的近 30 000 起恐怖袭击的数据集进行了分析。袭击的严重程度以受伤和死亡人数来衡量，根据克劳塞特的研究，其频率分布同样也遵循普遍的幂律。

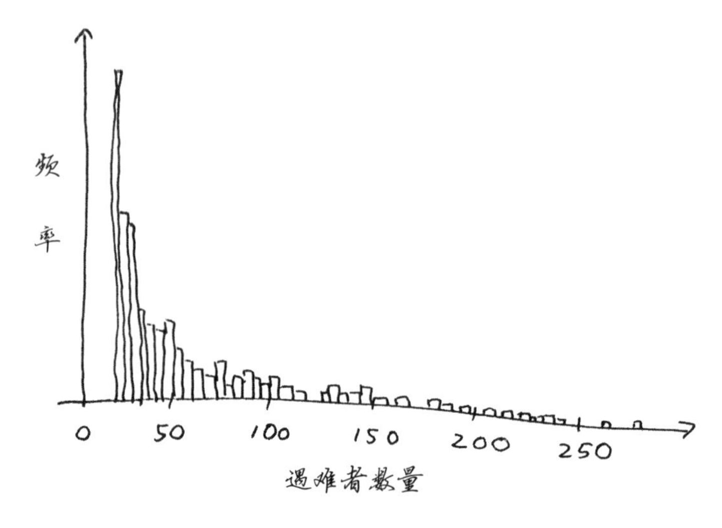

图 4–8　各种恐怖袭击遇难者数量和频率分布遵循普遍的幂律。

7. 分形结构：稳定性与变革的平衡

我们所讨论的幂律是在临界现象中观察到的，绝大多数总是与过程的时间维度相关联。有人会问，一个特定规模、强度或程度的事件多久才发生一次。然而，仅仅从单一的数学定律推导出普遍性不免显得有些大胆。临界现象还有其他特性吗？当我们观察自然，并试图将自然的一些属性用语言表达出来时，我们很快就会想到“结构”这一概念。很多东西都是高度结构化的，一个结构的某些部分往往具有与整体相似的特性，只是它们更小而已。

一棵树干分成若干大的主枝，这些主枝又分成较小的分支。这种分杈一直重复到带有叶子的小树梢。这棵树是自相似的，它的部分与整体的形状几乎一样。基于这个简单的原理，植物世界中各种各样的形状被创造出来，尽管它们表面上有差异，但遵循相同的规律。这样，借助简单的计算机程序可以复制类似真实植物的结构（见图 4–9）。例如，从一棵树干开始，树干分成三个较小的树枝，这些树枝与树干相比更短，倾斜一定角度，并且（可选）直径更小。在三个枝杈的末端，再次分别连接三个分支，相对于原来的分支，它们的倾斜角度和长度具有相同的减小趋势。根据在模型中设置角度和缩短长度的方式，可以创建与自然界树和草几乎一模一样的形状。著名数学家伯努瓦·曼德布罗特将这种结构命名为“分形”，并在《大自然的分形几何学》一书中描述了其数学性质和基本原理。你可以试着在手机或计算机上查找一下“分形图像”。几

图 4–9 计算机生成的自相似“树和草”。
所有四个事例均根据相同的图案编织而成。

乎所有的计算机可视化都基于简单的数学规则，许多复杂的分形形状让我们想起从自然界中认识的结构。

如果动态过程在一个临界点展开，它们通常也会显示分形结构。让我们再次看看前面讨论的简单森林火灾模型。如果将火势蔓延的瞬间照片可视化，我们可以看到，当森林植被密度足够高时，火势呈同心圆状蔓延。随着植被密度接近临界密度，蔓延模式就会出现具有分形结构的“凸起”，它们又由更小的“凸起”组成（见图 4–10）。如果人们在真实的蔓延现象中观察到这些结构，就可以推断出系统正处于临界点，这恰恰对扑灭森林火灾非常有帮助。例如，如果人们做到了将火势蔓延的图案变为分形结构图案，则可以通过增强科学扑救措施来结束火灾。

自然增长过程创造了这些结构，因为它们通常必须以有限的资源优化某一较大的结构，从而在临界的成本–效益权衡中增长。例如，植物必须用最少的材料创造出

图 4–10　简单森林火灾模型的两张瞬间摄影照片。
左图：如果植被密度高，则森林大火呈同心圆状蔓延。
右图：植被密度正好在临界点，森林大火呈现出分形结构。

尽可能大的表面积，以便捕获大量的光照，通过光合作用获取能量。体内的“血管”必须使用尽可能少的组织到达全身的各个部位，为它们提供氧气。由于临界过程的普遍特性，这些结构以自然的方式产生，因此是一个显著特征。

这里再举一个完全不同领域的例子：你可能知道“条条大路通罗马”这句话。2018 年，设计师贝内迪克特·格罗斯、菲利普·施密特和地理学家拉斐尔·莱曼想要验证这一说法。他们使用了来自开放街道地图系统的数据，并为整个欧洲道路网络计算了到罗马的最短路线，就像人们在手机上求助导航系统一样。

图 4–11 显示了通向罗马罗较短路线的交织网络。如果你了解得不够清楚的话，或许会认为这是张生物血管系统的照片。这两个表面上不相关的结构的相似性再次表明，看起来不同的系统是根据非常相似的基本原则构建的。

许多科学家认为自组织临界性原理是如此普遍，以至于它必须被诠释为一种自然法则，即作为自然界中复杂过程的定义属性。但这种法则带来了什么样的结果？我们可以从中学到什么？我们可以得出怎样的结论？首

图 4–11　条条大路通罗马。

先，我们观察到的灾难性事件（例如森林火灾、大流行病、恐怖主义、地震）的幂律意味着我们必须始终预见到比已知事件更严重的事件将会发生，我们必须持续不断地为此做好准备，并针对此类事件制订相应的反应计划。其次，正是由于我们的社会结构具有自组织临界性，我们可以有计划地采取行动，来确保我们有意识地，并且通过采取正确的措施将现象从其临界点移开，即使现象脱离临界性。这尤其适用于完全或部分受社会变化影响的系统，例如大流行病的进程和恐怖主义，抑或是无法监管的金融市场。但为什么我们会在这么多自然现象中看到自组织临界性呢？这种自然属性有什么优点呢？自然系统变化中的幂律意味着大多数情况下只会发生微小的变化，例如，一方面，复杂的网络生态系统可以通过相对更小的变化找到更加稳固的平衡；另一方面，通过非常罕见但强烈的破坏，一个惯常的系统也可以实现新的、潜在的更稳定的平衡状态，这是通过较小的变化无法实现的。因此，自组织临界性不仅意味着稳定，还意味着根本性的变化和进一步发展的可能性。

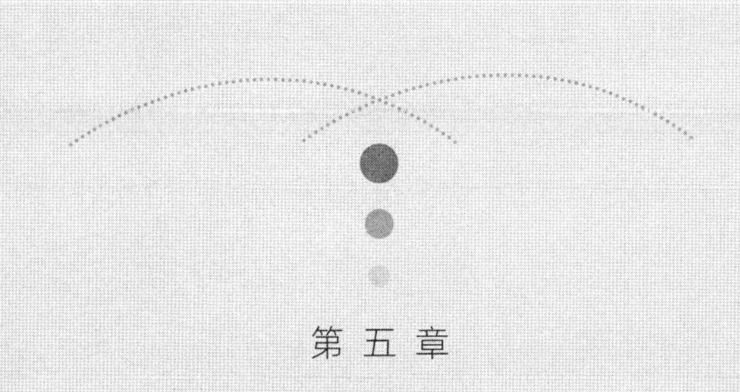

第 五 章

临界要素

在混沌的体制中，

结构上的微小差异几乎都会造成行为方式上的巨大变化。

斯图尔特·考夫曼（1939— ），美国生物学家

你有没有曾经问过自己，你来自哪里？对于大多数人来说，人生的第一印象是相当模糊的，因为我们直到出生几年后才会形成记忆。我的第一个印象：当我 3 岁的时候，在丹麦度假期间，我将一个地掷球[①]扔向了妈妈的头部。那是一次大胆的尝试。然而，我已无法确认记得这一事件本身，还是只记得关于它的叙述。我第一个可靠的记忆与克劳斯·克莱因威希特有关，你已经在上一章节中认识他了。1973 年，他问我几岁了，我向他伸出了 4 根手指。

我们没有做到有意识地体验我们的人生开端，这让我们心存疑虑。人们对自己存在的开端的问题找到了不同的答案。如果你喜欢科学的答案，那么你或许在生物课上得到了一个或多或少精确的答案。事实是，随着人类卵细胞通过精子而受精，整个故事就以某种方式从母亲的子宫开

① 地掷球：用手投掷进行运动比赛或娱乐，由塑料制成，大球重 920~1000 克，直径 11 厘米，小球重 60 克，直径 4 厘米。

始了。大多数人都学到过这一点。卵细胞是由你的母亲给予的。但你知道你母亲的卵子在她还是胚胎的时候就已经发育了吗？你母亲所有卵细胞都源自原始生殖细胞，那时你的母亲只有几毫米大小，还在你外祖母的子宫中。从某种意义上说，你的起源是在你外祖母的子宫里。这不免显得有些奇怪。

一旦卵子和精子细胞融合在一起，细胞分裂过程大约在一天后开始（见图 5-1）。受精细胞迅速分裂成两个在基因上相同的细胞，即彼此完全相同的副本，具有相

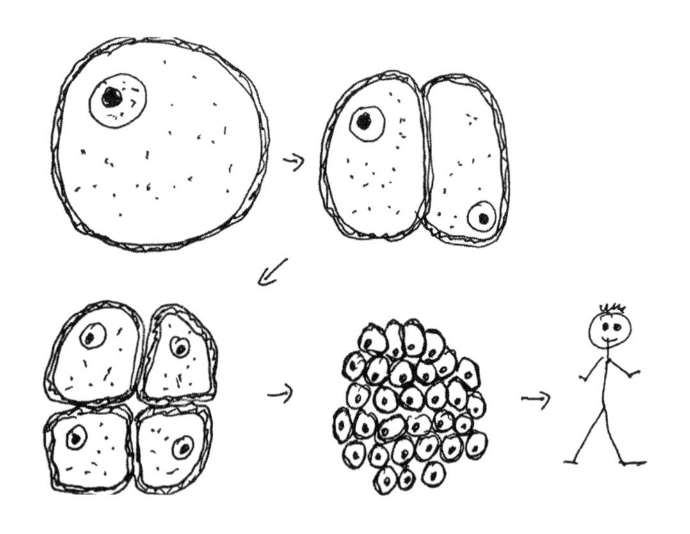

图 5-1　细胞分裂——从受精卵细胞到人体。

同的基因蓝图。大约一天后，两个新细胞再次分裂，我们会有 4 个副本，然后是 8 个，16 个，在很短的时间后，胚胎作为相同细胞的一个细胞群而形成，这些细胞在外部并没有差异。

让我们将时间快进 9 个月。你出生了，从一个小小的细胞群变成了一个（几乎）完整的人体。让我们再等你长大成年，现在的你由大约 100 万亿个单独的细胞组成。这 100 万亿细胞中的每一个细胞（除了少数例外）都始终包含你的基因蓝图的完整副本，即基因组。但你并不是一个巨

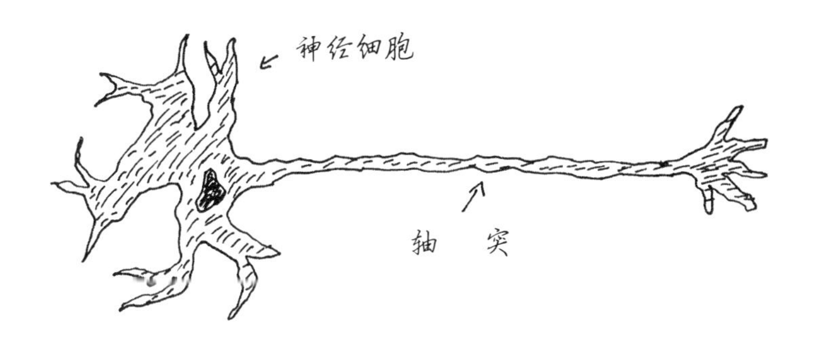

图 5–2　两种人体细胞。
神经细胞具有复杂的结构，轴突传递电脉冲。
与之相反的是，红细胞具有非常简单的结构。

大的细胞群，恰恰相反，你有人体器官，包括大脑、心脏、肺、骨骼、血液和结构。你的身体由大约300种不同的细胞类型组成。

人体细胞中有神经细胞、血细胞、各种皮肤细胞、脂肪细胞（通常太多）、肌肉细胞（通常太少）。不同的细胞类型具有非常不同的功能和完全不同的形状。例如，单个神经细胞（大脑和脊髓中有约1 000亿个）具有复杂的形状。传递电脉冲的轴突是神经细胞的延伸，最长可达1米，直径约为10微米（如果轴突像花园浇水软管一样粗，那么它会长达3千米）。神经细胞的寿命很长，在生长成熟后，许多神经细胞会终生固定停留在神经系统中。运输氧气的红细胞则要简单得多。形状呈凹陷的球型，非常小，寿命短，只有约100天，然后就会死亡，并被骨髓中干细胞制造的新细胞所取代。但是红细胞流动性很强，每隔60秒，红细胞就会在你的身体里循环一圈。血细胞和神经细胞具有相同的基因蓝图，但它们却如此不同。这怎么可能？在胚胎发育过程中，所有这些不同的细胞都从小细胞群中产生，并且自行构造成为一个完整的新生儿。

1. 胚胎发育和细胞分化：临界点转变

对于胚胎发育成一个完整的有机体，我们可以从两个层面来看待：从纯粹的形态学角度来看，不同脊椎动物的胚胎最初非常相似。所有种类都从一个细胞群开始，逐渐形成器官、四肢、头部和眼睛。在早期阶段，猪、牛、兔和人的胚胎很难区分（见图 5–3）。差异只是逐渐变得更加明显。即使是人类胚胎，在发育的最初几周也和其他哺乳动物一样有一条尾巴，然后它会退化消失，并变成尾骨。第一批对于各个发育阶段中的不同种类的胚胎进行系统比较的科学家们指出，胚胎形成可以说是以快进的方式对物种进化发展的阶段进行了描绘。

让我们看看原始的细胞群，比如说，32 个细胞：细胞在什么时候知道它们会发育成神经细胞，肝脏、皮肤或肌肉细胞，并且如何避免混乱？这特别令人感到奇怪，因为细胞群中的所有细胞都包含相同的基因蓝图，相同的基因

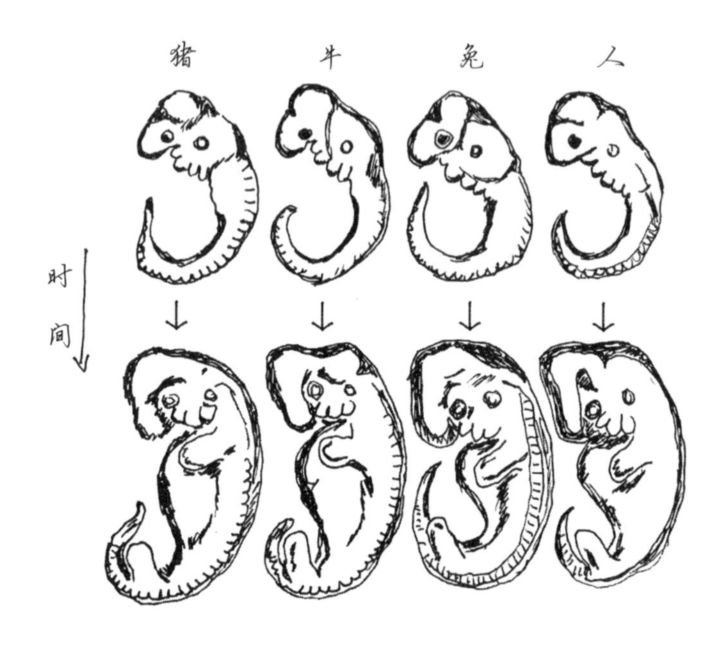

图 5–3　不同哺乳动物胚胎发育阶段。

组。如果花更长的时间观察细胞分裂的过程，你会发现，细胞在某个时刻会发生分化，并且决定一个细胞会变成肌肉细胞还是脑细胞。原始细胞仍然是全能的，这意味着原则上它们可以发育成为所有的细胞类型。科学家们在实验中已经证明了这一点，只须将原始细胞群一分为二，两个细胞群就各自发育出一个完整的有机体。

细胞在分化过程中采取哪些步骤取决于内部过程及其直

接环境，可以说，它们在“观察”周围所发生的事情。随着细胞分裂的进行，细胞会失去全能性，变成多能细胞，并且从这些细胞中不再可以发育出所有的细胞类型，而只会产生少数的细胞类型。对于胚胎期未分化细胞群发育成高度分化的生物体的过程而言，细胞分化的级联具有决定性作用。一旦细胞朝着分化迈出了一步，那么就几乎是不可逆转的，这被人们称为不可逆性。1940 年，发育生物学家康拉德·哈尔·沃丁顿用一个著名的图形隐喻描述了细胞分化（见图 5–4）。

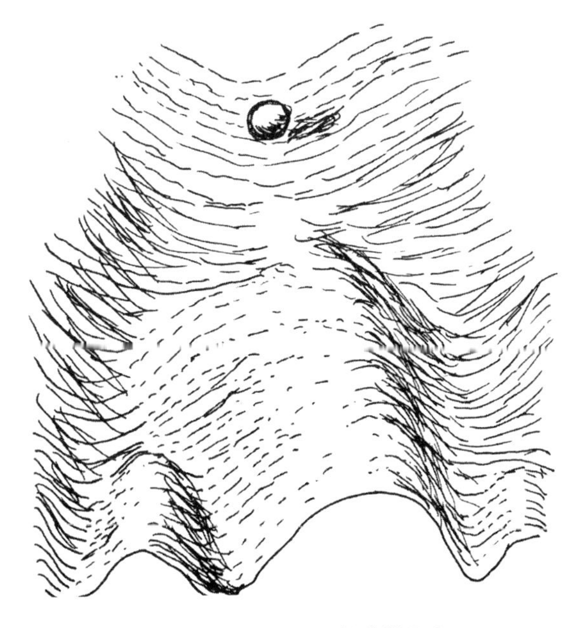

图 5–4　沃丁顿的表观遗传学景观。

一个弹珠从山脊经山谷系统中滚落下来，朝向山谷的地形变得裂缝越来越多。最初，弹珠滚过一个宽阔的洼地，然后这个洼地分裂成两个山谷，弹珠选择了两条可能的路径之一。两条路径在横向上互不相连，它们中间有一条山脊。在滚落下降的路途中，这个过程会不断重复，直到弹珠最终到达许多最终状态中的一个，所有这些状态都是相互分离的。这个图形生动地说明了不可逆性，不能简单地将弹珠从一个山沟推到相邻的山沟。这不仅适用于细胞分化，而细胞分化的重要性也不仅体现在胚胎发育的过程中。每天，你体内的干细胞会新产生数百万个细胞。这些干细胞，例如在你骨髓中的干细胞类似胚胎干细胞是多能的，可以从一种细胞类型，通过有顺序的、不可逆的分化，产生许多其他类型的细胞。

不可逆性对于避免发育期间和之后任何分化时期的混乱都至关重要。例如，大脑中的神经元不应该像干细胞那样简单进行分裂，否则将会是一个具有致命后果的错误。许多癌症正是这样产生的：通过基因变化，完全正常的组织细胞突然恢复了分裂和不受控制地繁殖的能力，生长出肿瘤。

当干细胞发育成不同类型的特殊细胞时，干细胞内部究竟发生了什么？必须有一个细胞内部的开关进行开启或者关闭，然后在进一步的细胞分裂过程中也保持这种状态。除此之外，细胞还需要传感器来“知晓”周围环境中发生的事情。而事实恰恰如此。在不同的细胞类型中，不同的时间会有不同的基因“登场亮相”。简而言之，每一个基因都可以产生一种相应的蛋白质，这对细胞中的生化反应很重要。有些基因一直在制造蛋白质，有些则只在特定条件下才会制造。简单地来看，人们可以想象单个基因如果生产蛋白质，那它就是处于开启状态；如果没有在生产蛋白质，那就是处于关闭状态。而一个基因的开启和关闭又是由另一些特定基因制造的其他蛋白质导致的。

2. 基因调控网络：临界状态平衡

基因是相互调节和影响的，因此，一个细胞基因的整个系统称为基因调控网络。整个系统就像计算机电路一样工作。很多时候，一个基因可以控制许多其他基因，而其他基因又受外部条件的调节（见图 5–5）。在细胞分化过程中，根据外部条件，不同基因会渐渐地相互关闭，并且之后也继续保持关闭状态。所以，不同的细胞类型只是处于整个基因调控网络的不同状态。一个人类基因组大约有 20 000 个基因（这在一定程度上取决于如何计算和定义

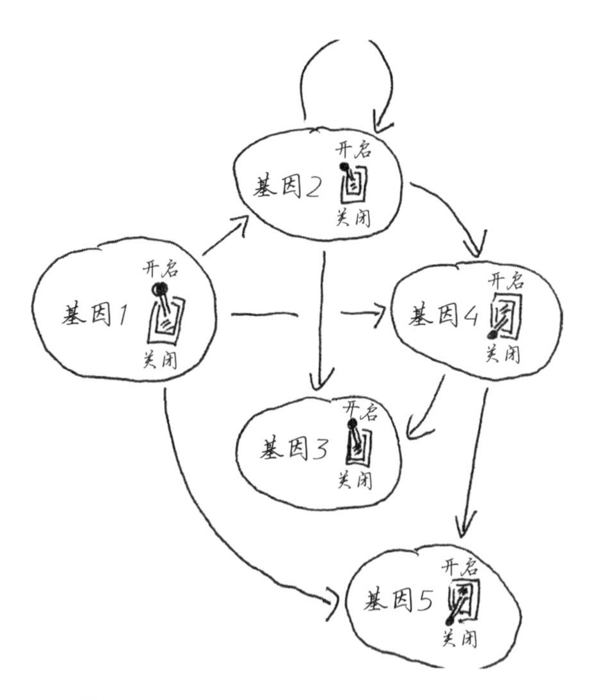

图 5–5　在细胞中，基因相互调节并自行开启和关闭。图中箭头表示基因对其他基因产生影响。

“基因”)。这 20 000 个基因以复杂的方式相互连接在一起。

面包酵母是一种简单的单细胞生物，有 6 500 个基因，并不比人类的基因数少许多。普通的家鼠、鸡或河豚的基因数量与人类的差不多，白云杉或玉米的基因数量则超过人类的两倍。埃塞俄比亚非洲肺鱼的基因组数量大约是人类基因组的 43 倍。因此，有机体复杂性和多样性的秘密不仅在于基因，还在于它们相互连接的方式以及相互之间的影响。1969 年，物理学家、生物学家和医学家斯图尔特·考夫曼率先对基因调控网络的复杂性进行了数学研究。在他的抽象模型中，将一组基因模拟为简单的开关装置。考夫曼模型的简化版本是这样运行的：基因是一个开关，具有两种可能的状态，开启或关闭，数学上表示为 0 或 1。所有基因的整个系统的状态用一系列的 0 和 1 来描述，序列中的每个位置编码一个基因。在三个基因的系统中，序列“011”表示：基因一处于关闭状态，基因二和基因三处于开启状态。因此，一个由 3 个基因组成的系统可以有 8 种不同的总体情况：000、001、010、100、011、101、110 和 111。随着基因数量的增加，可能组合的数量迅速增长，10 个基因可以产生 1 024 种组合，100 个基因产生的组合数量可以达到 1 267 650 600 228 229 401 496 703 205 376（将 2 自身相乘 100 次所得到的结果）。

在考夫曼模型中，每个基因从随机选择的其他基因接收输入。这些输入可以是正的，也可以是负的。如果负输入占据主导地位，则基因被关闭；如果正输入占主导地位，则基因会自行开启，并反过来对其他基因产生影响。在全部基因处于任意一种初始状态的情况下启动模型，基因都会逐渐改变自己的状态，直到系统达到平衡配置。

在调查研究中，考夫曼发现了一些令人惊讶的事情。尽管具有可能性的开关组合数量非常多，但网络总是从任何一个随意的初始状态开始，自动发展到少数几个最终状态中的一个。这些最终状态非常稳定。如果系统受到些许干扰，例如受到外部影响，它会自行恢复到稳定状态，就像弹珠重新滚回洼地一样。只有当干扰变得非常强时，整个系统才会切换进入另一个稳定状态。更重要的是：基因调控网络是坚固强大的。即使基因之间的一些连接被切断或新的连接被随机插入，网络也会继续找到它的目标组态。因此，这一模型网络是多重稳定，而且坚固强大的。

尽管结构简单的考夫曼模型是用来理解基因调控网络的特性而开发的，但多重稳定性和坚固性的核心特性使网络结构中的各个动态元素相互作用于其他领域同样有效。最好的例子是神经网络，比如我们的中枢神经系统。尽管这里的整个系统很复杂，但人们可以将单个神经细胞理解为开关装置，可以调节其他神经细胞的活动。一个感官刺激会触发并处理一连串的开关“事件”。在这里，多重稳定性意味着神经网络可以区分狗和猫，因为在处理刺激的过程中，两种感觉印象都分别属于一个稳定的内部网络状态。而且这些网络非常坚固：即使神经系统的大部分发生损坏，系统仍然可以运行。

3. 生态系统：多重稳定性与临界状态

多重稳定、坚固的网络在生态学中显得特别重要。无论我们看地球上的哪一个生态系统，亚马孙、西伯利亚、深海、大堡礁、沙漠、滩涂或者柏林近郊的格鲁内瓦尔德森林：每个系统中都共存着数百万计的物种，并且相互影响。物种之繁多令人难以置信。根据不久前的最新估计，地球上生存着约 8 万种脊椎动物，约 700 万种无脊椎动物，其中 500 万种是昆虫，还有约 40 万种植物和 150 万种真菌。但是，如果把微生物也计算在内，即细菌和古细菌，最新的研究指出将有超过 1 万亿个物种。我们在日常生活中所能感知到的，在森林中散步时所看到的植物、动物和菌类，在整体的物种多样性中只占微不足道的一小部分。而微生物的多样性比我们能看到的要丰富几十万倍。

单单在你的消化系统中就生存着 5 700 种细菌，在你的皮肤上约有 1 000 种，在你的口腔和咽喉中生活着 1 500 种。

在各个生态系统中，所有这些物种都以复杂的方式相互关联，并且相互影响。一些物种喂养其他物种，而后者又被另外的物种当作食物，真菌物种与植物共生合作，物种之间为争夺资源而相互竞争。不同物种之间的关系通常被视为一条食物链，而“食物网”这个单词更

图 5–6　食物网。

好地描述了生态系统中关系的网络特征（见图 5–6）。然而，常见的描述往往只显示我们可以看到的物种。微生物经常被忽视。作为一个整体系统，生态网络形成了一种动态平衡，也有人称之为动态静止：一切都在运动中，但又处于平衡状态。

一个健康的生态系统，就像基因调控网络一样，在面对例如气候变化或随机扰动等外部影响时是极其稳定的。它能够应付各个季节，各种恶劣天气，并且以几乎令人难以置信的程度应对我们人类的干预。如果看看我们是如何与自然打交道的，就会发现生态系统没有一个接一个地崩溃是非常令人惊讶的。举一个例子：当人类在 10 万年前从非洲开始逐渐定居到全世界范围时，在很短的时间内就消灭了所到之处的巨型动物，例如，猛犸象、剑齿猫、骆驼和美洲狮大约在 12 000 年前从北美洲消失了，巨型树懒和巨型犰狳则从南美洲消失了。然而，这些生态系统并没有崩溃。如果一片区域的森林被完全清除，自然界就会马上重新开始，在被清除的区域上生长出新的森林。生态系统的这种稳定性归功于将生态系统维系在一起的自我调节网络结构。

以下情况适用于大多数物种：如果只有一个物种出于偶然或是由于外部变化（例如严冬）在当地消失，那么整个系统不会因此而崩溃，只是数量关系略有变化。如果在接下来的一年中，一种或另一种植物、昆虫或细菌物种所剩无几，系统可以通过对各种物种的网络调节再次回到平衡状态。

但是，并不总是如此。关于这点我们稍后再谈。

4. 临界要素：在生态系统、气候系统、经济系统、社会系统中的作用

在过去的几十年中，许多科学家从事了与多重稳定性有关问题的研究。一个生态系统为什么是稳定的？需要怎样的条件？并且：生态系统会不会像基因调控网络一样可能存在不同的稳定状态？为了回答这些问题，科学家开发出了许多模型。你还记得北极兔和猞猁吗？在这个捕食者-猎物系统中，北极兔喂养猞猁。描述猞猁和北极兔动态的洛特卡-沃尔泰拉模型可以很容易地进行扩展。这些简单的生态系统模型描述了以某种方式相互影响的 x 种不同的物种。有些物种相互产生积极（互惠）或消极（竞争）的影响，而在其他物种，例如猞猁和北极兔，在他们之间，一方对另一方的影响是积极的，反过来则是消极的。如果将这些概念应用于模型生态系统的动力学，就会表明，可以

存在不同的稳定的最终状态，物种的各种不同组合总是保持平衡状态。该状态描述了处于平衡状态的不同物种的频率。如果通过轻微改变一个物种的频率来扰乱系统，系统会自动恢复到稳定状态。但是，如果外部的干扰太强，例如因为一个新物种正在迁移到系统中或现有物种（例如被我们人类）正在被大量消灭，系统可能会突然并且出乎意料地进入另一个稳定状态。究竟具体是哪些网络属性使生态系统保持稳定，无论是竞争、共生还是捕食者-猎物关系，我们将在“合作”一章中更详细地阐明。

对于许多生态系统而言，所谓的关键物种是十分典型的。如果这些关键物种被淘汰或消除，会对不同物种的丰度产生影响。一个生态系统可以非常迅速地改变其整个物种组成，这通常与物种多样性的大幅度下降相关联。

一个生态系统的多重稳定性和多种可能的平衡状态可以在数学模型中进行简单和系统的分析。当然，这在真实的生态系统中要困难得多，因为我们通常只经历一种平衡状态。所以，我们几乎从不知道还有哪些其他的物种组成也是可能的。但还是有一些说明性的例子，可以证明在模型中预测的多重稳定性在真实系统中也存在。或许你曾经观察到你家附近的一个或大或小的湖泊看起来可能总是变来变去的。在某一年湖水十分清澈，在其他年份则十分浑浊。事实上，我们知道，湖泊完全可以有这两种完全不同的稳定的平衡状态：清澈或浑浊。当水清澈时，植物获得足够的光照并生长，这为水蚤提供了更多的保护，而水蚤又会吃掉足够多的藻类，否则藻类会使湖水变浑浊。如果慢慢增加食物供应（例如通过喂养鸭子），鱼类的繁殖数量会更多，并且吃太多水蚤，藻类蔓延，湖水变浑浊，植物死亡，对水蚤的保护减少，然后又产生更多的藻类。这样的话湖泊的生态系统就可能崩溃。与临界现象类似，崩溃的过程通常不会逐渐发生，而是急剧发生，即使某一外部因素（这里是喂食）只是缓慢发生变化。一旦湖泊的生态系统崩溃，就不能再轻易地将其转回清澈的状态，因为缺少植物的自我强化作用。将增加的食物供给重新减少到临界点之前的水平也无济于事，湖泊依然保持浑浊。

这种不可逆性是临界点的典型特性。就像经历分化步骤后的干细胞一样，逆转异常困难，有时甚至是不可能的。如果湖泊生态系统崩溃，食物供给必须减少到显著降低的水平，或者鱼类存量必须大幅度减少。只有这样，水蚤种群才能恢复，藻类才能被吃掉，植物才能慢慢长起来。一旦超越了临界点，就会发生一系列事件，使系统进入一个完全不同的平衡状态。即使停止触发使状态发生根本改变的原因，整个系统也不会再次回到原本的状态。这种效应被人们称为滞后效应（见图 5–7）。

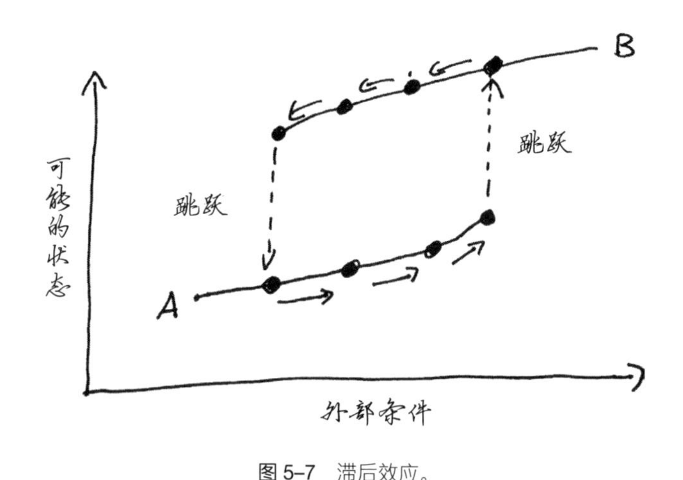

图 5–7　滞后效应。

虽然在胚胎发育中，个体细胞通过环境的缓慢变化不可逆地分化自己，并通过微小的变化突然改变细胞的形式和功能，是必要的、良好的现象，但在生态系统中，不可逆性是相当糟糕的。

我们可以用简化版本的沃丁顿的弹珠比喻来解释这种不可逆性。你设想一下，一个弹珠躺在一个洼地里。这个洼地对应于一种可能的平衡状态。如果弹珠滚动稍微脱离这个平衡状态，它会自行回滚，直到静止。然而，还有第二个洼地，它被一座小丘隔开，弹珠也有可能躺在这个洼地里。由于外部的影响，小丘和洼地的"景观"会慢慢发生改变。例如，上部的洼地可以略微抬升和变平坦。起初，弹珠将继续留在洼地里。但如果洼地继续变平坦，并且最终消失，弹珠就会自行滚落到第二个洼地里（见图 5–8），即进入另一种状态，另一种平衡。即使将外部影响再次恢

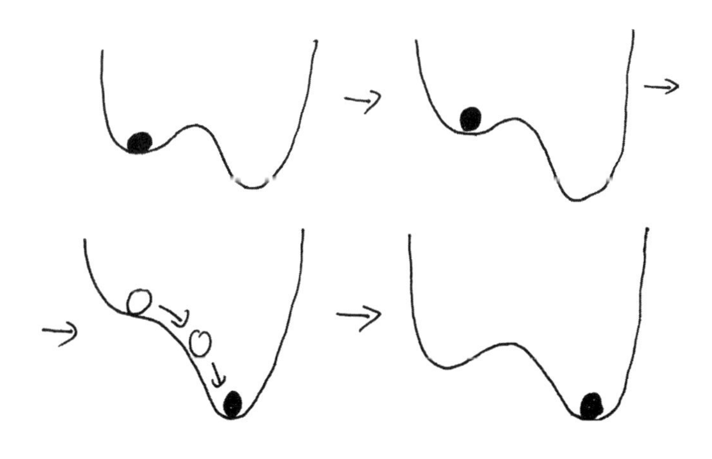

图 5–8　双洼地模型。

复到原始状态，弹珠仍将保持在第二种状态。如果想让弹珠回到原来的状态，需要很多努力。

虽然双洼地模型如此简单，但是它可以用来精确描述生态系统中的许多其他临界点。在许多纬度地区，森林和草地是两个稳定的景观状态。幼小的树木很难在草地上生存，放牧食草动物能确保草原或稀树草原不会被森林所覆盖。另外，完全生长的林地保持稳定，因为它们相比未被森林覆盖的区域能更好地储存水。在坦桑尼亚和博茨瓦纳，由于大型食草动物被大量猎杀，森林在19 世纪末自发地重新扩张。即使在食草动物种群恢复之后，已增长的森林面积仍然保持稳定。相反，特别是在干旱地区，严重的森林砍伐会导致不可逆转的荒漠化，因为大型树木数量的减少意味着湿度降低，地区变得干枯，无法生长出更多树木。

通常，海洋生态系统的稳定状态特别复杂，它更多地取决于洋流、全球气候、当地大气条件与海洋之间的相互关系等变量。通过仔细研究鱼类捕捞率、浮游生物密度等各种参数，科学家们可以确定在1965—2000 年期间，仅仅在北太平洋就发生了两次全球性的巨大状态变化，这两种变化都在一年内给生态系统带来了持久性的改变。直至今日，人们对这些所谓的“稳态转变”仍然知之甚少。然而，据推测，它们都是由超越某个临界点而触发的，要么是自然的，要么是人为的。在海洋生态系统中，物种的组成尤为重要。对某些关键物种的过度捕捞，例如某些掠食性鱼类，可能引发一连串事件，这些事件会迅速且不可逆转地将系统从一种平衡状态转变为另一种平衡状态。没有回头路可走。

生态系统到底呈现怎样的状态，很大程度上取决于气候条件的稳定性。但是，这种影响是双向的。全球范围的生态系统也决定并且稳定气候。如果生态系统由于超越临界点而在很短的时间内发生显著变化，也可能导致当地气候系统发生动摇。我们最好将气候理解为动态子系统的网络，例如亚马孙雨林和洋流，所有这些子系统都相互影响。我们现在从气候模型中知道，各种区域因素，即所谓的临界要素，十分重要。这些要素中的每一个都可以处于两种不同的状态，这反过来又会影响其他要素。2005 年，36 位气候专家在柏林举行了关于“地球系统临界点”的研讨会。他们总结了这些要素中的哪些是与政治相关，在全球变暖的哪个水平上会触发崩溃，以及在什么时间尺度上预计会产生强烈而突然的气候变化。结果令人担忧。

例如，格陵兰冰盖就是这样一个临界要素。如果格陵兰岛开始融化，释放出来的陆地将导致温度继续升高，从而进一步加速融化过程。在不到 300 年的时间里，格陵兰岛可能会在全球升温 3℃的情况下完全无冰。这将会导致海平面上升 2 ～ 7 米，带来严重后果。亚马孙雨林是气候临界要素的另一个例子。如果全球变暖 3 ～ 4℃，随着森林砍伐，加上由于南美太平洋沿岸频繁和大规模的厄尔尼诺现象造成的更严重的干旱，将导致热带雨林在短短 50 年内消失，同样会给全球气候系统带来无法预测的后果。

地球气候最有影响力的临界要素之一是所谓的海洋温盐环流，这是一个由不同的水温和盐浓度驱动的全球洋流循环系统。它就像一条巨大的洋流传送带，将五大洋中的四个连接在一起，并在数千千米范围内释放热量和进行水团交换。湾流是这条传送带最重要的脉络之一。如果格陵兰岛冰层和北极冰层由于地球温度升高而融化，融化的淡水流入北大西洋，从而可以重组大西洋温盐环流，并使其出现停滞，这将在很短的时间内对气候产生巨大影响，可能会再次压迫其他临界要素跨越其门槛。由人类导致的缓慢而持续不断的全球变暖可以在许多这样的临界要素中引发意外的、突然的变化，一个接一个，且相互加强，最终使整个气候系统进入另外一个状态，这个状态可能与我们所知道的一切有着根本的不同。

从地球的历史中，人们可以看到超越气候临界点会产生哪些巨大的影响。人们从对海洋沉积层的调查中得知，在不同的时间点都发生过所谓的海洋缺氧事件。在相对较短的时间段内，海洋中的氧气浓度急剧下降。在这些阶段，由于强烈的侵蚀或者火山爆发的增加，风化产物进入了海洋。海洋被过度肥沃化。与此同时，重要的海洋温盐环流被打断了，各个海域和大洋随之崩溃。据推测，这个全球海洋临界点已经被数次跨越，并且其中一些跨越导致了海洋生物大灭绝，而海洋在数十万年后才能得以恢复。

但是，怎样可以知道一个系统是否即将达到它的临界点呢？可以预测情况有多严重吗？在“临界性”一章中，我们看到，临界现象实际上会发出动态信号，逐渐接近临界点也会导致系统内出现更强的随机波动。任何自然系统总是受到一些随机的环境影响，会有点失去平衡，然后系统再次自行回到这个平衡状态。让我们再一次回到弹珠的实例：弹珠被随机的外部影响反复冲撞出平衡状态，然后滚回原位。然而，当接近一个临界点时，系统所在的稳定的洼地变得越来越平坦，这意味着，使弹珠向左或向右移动的小扰动将会造成比在一个又深又窄的洼地中更大的影响。系统自身重新恢复到稳定平衡状态的难度更大。在弹珠滚落的情境中，我们还了解了与接近临界点相关的另一个特性，科学上将其描述为“临界慢化”。由于在临近临界点之前，洼地几乎是平坦的，因此弹珠需要更长的时间才能重新回到洼地的稳定最低点。正是这两种效应，即更强的波动和恢复平衡状态的慢化，已经在截然不同的系统中被测量出来了。

一个经典的临界点系统出现在渔业中。例如，如果没有渔业捕捞，波罗的海的鳕鱼种群数量会增长到一个平衡点，鱼群繁殖和有限的食物供应保持种群数量的稳定。如果现在一部分的种群被捕捞，剩余种群的竞争同时减少，种群会在即使存在捕捞的情况下再次将自身调节到大约平衡值水平。然而，如果过度捕捞，并且超越临界点，鳕鱼种群数量就会崩溃，只有在捕捞量明显低于临界点之前，种群才会重新恢复。在类似的真实情况中，人们观察到，即使鱼类的捕捞率只是缓慢增加，种群数量的波动会随之明显增加，特别是在崩溃之前增幅特别大。

历史上在地球的重大气候变化中，例如从冰期到温暖期的过渡中，人们也发现了这种波动增加和临界慢化的结合。大约 3 400 万年前，地球从一个持续了数亿年的非常温暖的、没有极地冰盖的热带气候，进入了一个比较寒冷的周期阶段，极地冰盖冻结而成。在南太平洋的钙质沉积层中可以很好地观测出这种从“温室”到“冰室”过渡的纹路，在那里可以检测证明钙质浓度的急剧增加。但是，在这一突然转变之前的几百万年，钙质沉积物的波动就预示了变化的来临。同时，来自生态和气候研究领域的无数例子表明，大多数临界点都会发出这些普遍信号。

临界点和系统状态在外部影响的逐渐变化下的快速转变不仅存在于生态系统或气候模型中，这些过程在社会系统中也发挥着重要作用。临界点在社会规范的快速变化中得到了最好的观察。通常是活跃的少数群体，达到临界规模，然后导致社会规范迅速发生改变。我们可以从社会规范和风俗的变化中，观察到社会规范先保持稳定然后突然崩塌的事例，如：公共场所内不允许吸烟、许多国家的大麻合法化，等等。描述社会规范和风俗的动态，最简单的模型在数学上与洼地中的弹珠模型非常相似，后者曾经用来帮助我们理解生态系统。我们将在"集体行为"一章中更详细地讨论这一主题，并分析事例。社会规范突然变化中最重要的因素也是动态元素的网络互连，在上述讨论的话题中，是指社区或群体中的人们，他们在互连网络中相互交流。

如开头所述，生态网络模型现在也被用于更好地理解经济系统，特别是全球金融系统的动态。在金融市场中，所谓的系统性风险是一个重要指标。这种风险描述了如果由于市场上的复杂过程（例如个别银行的破产）而导致自我强化的负面级联破坏整个系统的稳定性，发生整个连成网络的金融系统或另一个经济部门崩溃的可能性。自 2008 年金融危机以来，大家很清楚，传统的经济模型既不能预测这些危机，也不能令人满意地解释这些危机，只能使用传统方法非常有限地量化系统性风险。即便是崩溃的征兆，也只能进行适度的识别。金融危机催生出一系列的研究项目和学术论文，其中生态学和网络理论的概念，如临界点、多重稳定性和面对扰动的鲁棒性等，被引入了经济学。在美联储委托的一项研究项目中，科学家们调查了 5 000 家银行组成的网络。网络的链接代表各个银行之间的资金转移。科学家们发现这个网络是高度不匹配的，这意味着具有许多连接（高节点度）的银行通常与较小的银行（低节点度）相连接，反之亦然。在真实的生态网络中，人们可以找到非常相似的网络结构，例如开花植物和传粉昆虫形成的共生网络。与许多昆虫合作的开花植物更受到“专一”的昆虫的喜爱。对花朵不挑剔的昆虫通常会为许多开花植物传粉，而这些开花植物认定仅由该物种提供服务。理论分析表明，恰恰这些网络结构面对干扰具有稳健性，但仅限于一定范围内。如果对网络施加太大压力，网络就会达到一个临界点，并且不可逆转地崩溃。从这一观点可以得出结论，尽管金融市场在原则上已经具有一个结构，将系统性风险保持在较低水平，但通过渐进式变化，例如持续增长，仍将反复达到临界点，导致崩溃，并且引发全球金融危机。因为恰恰在这里有一个根本的区别。生态网络不是以增长为导向的，而是以动态平衡为导向的。社会经济系统的可持续设计可以使用这些已经有数亿年成功经验的结构性概念，使我们避免代价高昂的严重危机以及经济和个人利益方面的苦难。

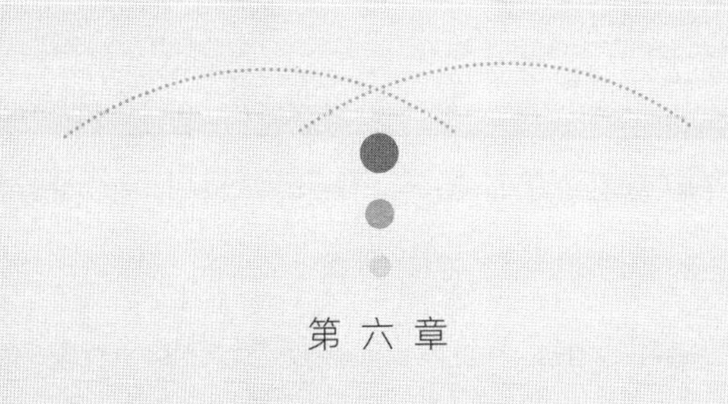

第 六 章

集体行为

它们盘旋着，时而密密麻麻，

像抛过光的屋顶，

时而又像一张天网散开，

漫天飞舞，

像箭一样旋转着——简直是天边奇观。

埃德蒙·塞卢斯（1857—1934），英国鸟类学家

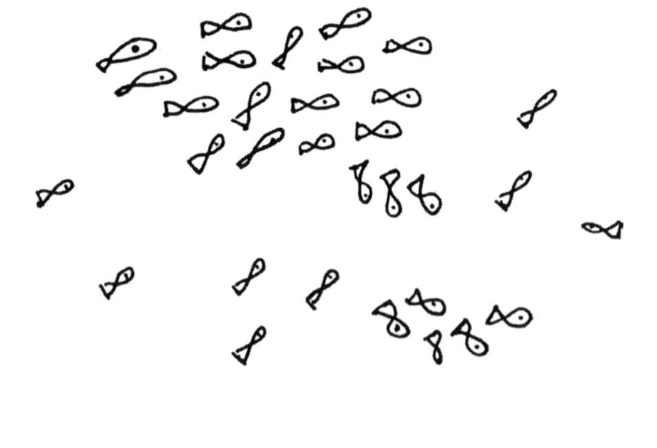

如果你在每年10月至第二年2月之间乘坐火车前往罗马，很可能有机会在中央火车站前的五百人广场目睹美妙而又特别神秘的自然奇观。数百万来自北欧的椋鸟在意大利度过深秋和冬季。白天，椋鸟大群分散在罗马城外的田野上寻觅食物。只有晚上它们才会进城寻找栖息之所；它们尤其喜欢火车站前广场上的树木。就在日落前夕，鸟儿们逐渐聚集在一起，数万只鸟儿在天空中翩翩起舞，引得游客们高高举起智能手机，记录下这一奇观。当一个椋鸟群突然改变方向，来回旋转，散开，几秒钟后又以高速合体，并且没有发生任何碰撞时，很难用语言描述这种神奇的现象。就像气体和液体组成的湍流混合一样，罗马的椋鸟群在天空中如波涛般起舞。现在请你拿出你的智能手机，或者开启你的电脑，搜索“罗马的椋鸟之舞”。在继续阅读之前，请你先观赏一些视频！

如果你在观察鸟群，那么一大堆问题会浮现在你的脑海中。几千只鸟组成的鸟群怎么可能同步改变方向，它们怎么知道什么时候去哪里，又是如何避免高速中的碰撞？它们如何对外部影响做出集体反应，例如，如果有一只游隼攻击鸟群，鸟群中的个体如何决定启动哪些对策，鸟群的结构、凝聚力和灵活性从何而来？鸟儿到底为什么要这样做，并且每天如此？罗马的椋鸟群有哪些十分特别之处，而我们通常对鸟群的感知却是视为日常发生的事情？只有当我们花时间去观察和思考这个现象时，整个事件是如何运作的才会越来越显得令人惊奇。每只鸟都在永不停歇地运动，必须在几毫秒内对其他鸟做出反应，没有一只鸟是领导者，鸟群集体做出决定，作为一个整体在五百人广场的树木中找到栖息之所。

几个世纪以来，鸟群的动态一直令博物学家和科学家们着迷。1931 年，那个时代最著名的鸟类学家之一埃德蒙·塞卢斯出版了一本名为《鸟类的心灵感应》的书。在书中他提出了一个假设，大型鸟群对例如猛禽的攻击等情况做出集体反应的速度和准确性只能通过心灵感应机制即思想传递来解释。集体不仅是其各个组成部分的总和，也是作为一个整体做出决定，并且作为群体大脑发挥作用。

否则在改变方向或变换速度时，鸟群中成千上万只鸟如何才能做出适当的决定？为什么鸟群内的信号传输速度超过了个体鸟类允许的信号处理极限？

埃德蒙·塞卢斯不是一位神秘主义者，也不是一个江湖骗子，而是一位著名的科学家。在维多利亚时代的英国，即使在这些人中，关于思想传递、超心理学和心灵感应的想法也并非不受欢迎。科学家们讨论了这些机制，因为用当时的手段无法来解释，一个鸟群会在没有领导者带领的情况下突然急剧改变方向。

集体行为并非限于椋鸟和其他群鸟。许多鱼类也是纯粹的群居动物，它们一起同步活动，并且对掠食性鱼类的攻击做出集体和协调一致的反应。在这方面，鲱鱼绝对是可能破纪录的。它们可以形成由最多达30亿条鱼组成的巨大群体，作为一个整体进行长距离移动，群体体积可达到好几个立方千米。从进化论的视角来看，非常明显，鸟和鱼在集体中行动会比孤立的状态更安全，它们会通过方向的快速变化和不稳定的乱作一团使捕食者一头雾水。例如，罗马上空的椋鸟经常受到游隼的攻击，游隼试图从鸟群中挑选出单个的猎物。一只孤立的椋鸟几乎不可能从游隼的锁定中逃脱，因为这种猛禽的速度超过 300 千米 / 小时，是地球上最快的动物。如果一只游隼遇到鸟群，那么它很难在一片混乱中锁定和捕获单个猎物。此外，整个鸟群都会对其攻击做出反应，有关威胁的信息传播得非常快。鱼群也是采取如此的行为。这能给一个群体带来安全感。

1. 行军蚁：自组织与集体协同

由蚂蚁、蜜蜂和白蚁等自成“王国”的昆虫所进行的集体行为特别让人着迷。大家都知道红木蚁的巢穴，远远望去，表面就是一个安静的、松散的小土堆，细看之下，则是一片繁忙景象，工蚁们正在筑巢、修巢和获取食物，而蚁巢内部的复杂互动甚至还没有被纳入观察中。考虑到每只单个蚂蚁的大脑都相对较小，这些动物的集体劳动成就非常出色。有一种特别有趣的行军蚁，叫作“布氏游蚁”（见图 6–1），生活在南美洲的热带雨林中，表现出惊人的复杂

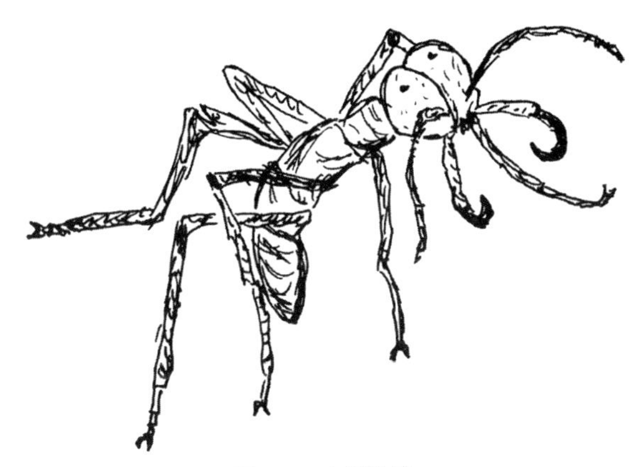

图 6-1　布氏游蚁。

集体行为。与木蚁不同，掠夺性的行军蚁过着游牧的生活，并且每天的日程安排十分紧凑，它们总是匆匆忙忙的。一个布氏游蚁王国通常由 40 万只蚂蚁组成。每天早上，大约 20 万名兵蚁蜂拥聚集，开始进行掠夺袭击。因此，这些蚂蚁在英语中也被称为“军团蚁”。它们形成最长达 100 米、最宽达 20 米的编队，以闪电般的速度捕食其他昆虫和小型哺乳动物。布氏游蚁的兵蚁类似小蜘蛛，有对于蚂蚁而言不寻常的长腿，每秒最远可以行进 15 厘米。对于猎物而言，兵蚁的袭击来得十分突然，因此也很成功，以至于某些鸟类专门始终追随着行军蚁，并且猎取受惊失措的昆虫猎物。

布氏游蚁的巢穴被称为“营地”，营地的组成部分就是蚂蚁！为了每天袭击新的区域，行军蚁每天都会迅速拆除“帐篷”，继续前行，因此在蚁群的进化过程有一个特别有趣的现象。数十万只行军蚁相互咬合和抓住，为蚁后和孵卵创造了一个柔韧的“巢穴”。到了夜里，巢穴被解散，群落迁移到另一个地方，为第二天的袭击做准备。这个过程必须十分高效，因为袭击的速度需要最优化。行军蚁是没有视力的，它们依靠途中在路上标记的信息素和气味来辨别行进方向。每天，兵蚁通过它们的主要干道将最多达30 000件猎物带回巢穴。这里必须解决一个后勤问题。由于蚂蚁行进中是双向移动的，因此在快速运输过程中避免碰撞非常重要。为此，蚂蚁会自动形成平行的、相反走向的定向通道。就像在高速公路上一样，蚂蚁行进中只朝一个方向移动。布氏游蚁自动形成三条通道，外侧的两条用于离开巢穴，中间的一条用于回到巢穴。

蚂蚁是怎么遵循这些规定的呢？有趣的是，在人类社会行人中也出现了类似现象。在市中心繁忙的人行道上，或者在狭窄的地铁隧道中，通常会形成这种平行的，但走向相反的通道。这样的通道一般有两个，往往也会有更多，并不总是遵守右侧通行的规则，有时通道会分出岔路，或者左右换边。就像蚂蚁一样，通道是自己形成的。那么其基本的机制是否相似？这不是一个单纯的学术问题。要理解集体运动行为对我们人类是何等重要，我们可以通过下一个例子来进行解释。

2. 爱的大游行：群体活动中的临界点现象

2010 年 7 月 24 日，第 19 届“爱的大游行”在德国杜伊斯堡举行，这是一个电子音乐节，始于 1989 年，起初每年在柏林举行。第一年，有约 1 000 名电子音乐迷欢聚在一起，几年后，爱的大游行已经成为一个大型的国际活动，参与人数超过 100 万。活动的一大特色是巡游花车，类似狂欢节那样经过欢庆的人群。后勤保障专家通过通道将人流引导至巡游车队。人们以每平方米 5 ～ 6 人的高密度缓慢向前移动。在杜伊斯堡，这次拥挤最终导致了一场灾难，造成 21 人死亡，超过 500 人受伤。

究竟发生了什么事？组织者制定的路线指引人们通过地下通道走向一个坡道，在坡道的尽头，巡游车队应该会引开位于最前面的游客，以便为后面的游客腾出空间。事故发生时，现场区域有35万人，在游行队列中发生的拥堵，导致人群非常密集，形成了一种被称为“人群湍流”的动态现象。此时，一个非常密集的人群表现得像一种有弹性的黏性流体，极强的压力波动级联可以通过它传播并相互增强。压力冲击变得如此强烈，以至于人们被挤压，窒息，他们的衣服被摩擦撕裂，个别人可能会被抛出人群。尽管个人在这样的拥挤中并没有向前移动，但人群会部分地以非常高的速度继续“流动”。与最初讨论的结果不同，后来证明事故不是由恐慌引起的，而是自发产生的人群湍流的动态结果，完全是由于人的密度超过了临界密度而引起。直到出现人群湍流现象，游客中才爆发出恐慌，增强了效应。

此类事件并不少见。类似的事故经常发生在沙特阿拉伯一年一度的朝觐期间。每年有超过200万人前往麦加朝觐，这对穆斯林来说是一次重要的朝圣，这给有关当局和组织者在后勤保障方面带来了巨大的挑战。在麦加附近的米纳[1]，朝圣的人流被引导越过贾马拉特桥，在这里举行具有象征意义的投石驱魔活动。这座桥上一次又一次地发生了造成多人死亡的事故。2006年，有364人在桥上的事故中丧生。与爱的大游行类似，自发出现的人群湍流现象引发了这场事故。但是，既然能准确地描述这一现象，为什么不能避免这些悲剧的发生呢？问题在于，还没有搞清楚在何种条件下，即从怎样的人群密度开始，或者由于哪些外部因素，会出现人群湍流以及如何防止这一现象的产生。人们对这种人群运动的基本机制还缺乏了解。关于这点稍后会更多介绍。

3. 集体行为的本质特征：依据局部信息做出反应

但是，鸟群和鱼群、集体行动的行军蚁、爱的大游行惨剧和在米纳发生的事故有什么共同点？恐慌情况和拥挤

① 位于麦加附近的一片山谷，占地面积约4平方千米。

中人的运动显然是由人类决定的行为心理学的现象，而鸟类的群体行为是本能驱动的，不是吗？你稍后就会了解，这些现象不仅有根本性的联系，而且遵守几乎相同的规律。还有许多更为复杂的过程、集体决策、社交网络中的意见形成，甚至社会极化现象和极端主义的出现，也往往基于非常相似的规律和规则。

对群体行为开展科学研究并不是那么容易。1995 年，匈牙利物理学家托马斯·维萨克与同事们一起提出了最早的模型之一。维萨克模型非常简单且理想化，它将群体行为减少到几个基本的组成部分。许多个体粒子在其环境中以恒定速度自由运动。每个粒子都有一个运动方向，受制于随机影响，也就意味着随机发生变化。因此，单个粒子的运动看起来并不稳定（见图 6–2）。

下面，重要的因素来了：每个粒子都受到周边邻近的其他粒子的影响。粒子在一个小半径内“查看”其他粒子的方向，并尝试将自己的方向调整到其他粒子方向的平均值。然而，由于所有粒子同时遵循这些规则，而且它们的方向会随机变化，因此出现了一个问题：粒子是否会自行形成一个共识方向。计算机模拟表明情况是这样的：在某

图 6–2 维萨克模型。所有粒子以相同的速度朝不同方向移动。每个个体都尝试适应自己领域小半径内邻居的平均方向（黑色箭头），并且重新对准（左图）。如果将模型随机初始化（中图），一个群体会迅速自行形成（右图）。

些特定条件下，例如，如果粒子的密度足够高，会在短时间后形成一个群体，有一个集体性的方向，这个方向只是缓慢进行变化。就像前几章中的同步现象和临界现象一样，我们在这里并没有观察到从极度的混乱到集体的群体行为的逐渐转变，而是在超越临界点时集体行为的突然变化。要么所有粒子都表现出群体行为，要么一个也没有。不存在折中方案，即其中一些粒子表现出集体行为，另一些则没有。尽管这一模型并不现实——因为它设定粒子群不发生碰撞，所有粒子都具有相同的速度，在平面内运动——但模型仍然带来了突破，因为它可以表明，当单个个体仅与周围环境中少数其他个体相互作用时，集体行为是可能的。没有必要对所有参与者都做出回应。

几年后，生物学家伊恩·库辛和延斯·克劳泽提出了一个相关的、更加现实一些的模型。在这里，粒子群还遵循另外两个规则：一方面，粒子通过在靠近时相互躲避来避免碰撞；另一方面，像在地球引力作用下一样，它们相互吸引。这个模型还能够再现集体行为的自发产生。但是，模型还有更多的作用。科学家们在模型中观察到了三种典型的群体状态（见图 6–3）：1）所谓的层流状态，几乎所有个体都集体朝一个方向游去或飞去；2）涡流或磨盘状态，聚集成群的粒子在一个圆形涡流中运动；3）混乱的群体，让人联想到蚊子群：粒子虽然随机运动，但是保持在一起。

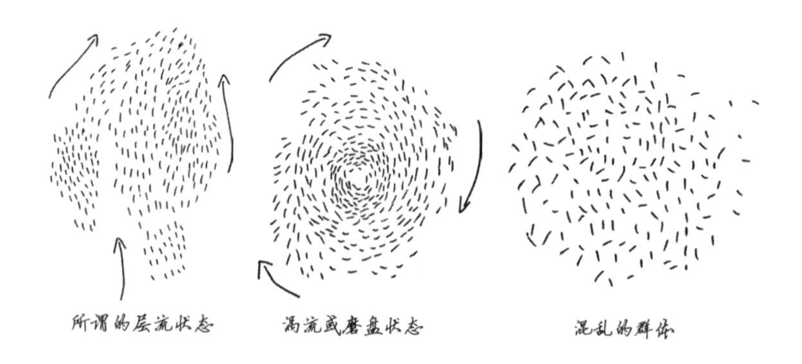

图 6–3　在自然界和模型中观察到的三种群体状态。

尽管库辛-克劳泽模型被高度抽象化和简化，但它准确地预测了在真实的鸟群和鱼群中实际发生的三种可能的群体状态。到目前为止，还没有在真实的群体中观察到其他稳定的队形。

鱼群也经常在涡流和层流状态之间来回切换，而且没有显而易见的原因，研究人员一直在思考是什么原因以及是什么触发了这种切换。只有计算机模型能表明，切换是随机和自发地发生的，只是通过简单运动规则的集体作用。因此，这是不可避免的，也是集体行为的一种紧急属性。不需要额外的切换机制。除此之外，通过结合个体逃逸机制，科学家们还能够展示集体如何对捕食者的出现和可能的攻击做出反应，这个附加机制非常简单。如果捕食者靠近，鱼群成员将尝试改变方向并游走。附近的其他鱼会注意到方向的变化，并且完全自动地跟随运动。在遇到捕食者袭击时形成的模式，与真实的鸟类和鱼类的模式惊人地相似。这些模型和许多经过改进的版本提出了重要的见解：作用在一些个体（也就是那些“周边临近的粒子”）的局部影响，决定了整个种群的集体行为。集体作为一个整体对外部影响做出快速而正确的反应，而无须领导者统一指挥做出反应，也无须每个个体都知道其他个体在干什么。

但是，这对伊恩·库辛来说还不够，他想在自然界证明模型的假设。为此，在世纪之交，他开始了一系列关于金体美鳊鱼的实验，这些实验彻底改变了我们对动物和人类集体行为的理解，并且使他声名鹊起。金体美鳊种的幼鱼体形为 4 ～ 5 厘米长，在自然条件下，它们会在水面以下成群结队地活动。库辛在他的实验中，使用了一个深几厘米、底面大小为 2 米 ×1 米的水族箱，并从上方拍摄了 150 条鱼的运动。为了精确测量鱼群中的哪些成员在相互交换信息，以库辛为首的科学家团队开发了一款特殊的软件，可以极其准确地追踪记录所有鱼各自的位置、运动方向和速度。如果一条金体美鳊受到惊吓，一连串的逃跑行动会在鱼群中蔓延开来，计算机程序可以准确地确定哪条鱼对某一条鱼有反应。因此可以证明，个体金体美鳊只对其周围的几个邻居发出的信号做出反应，但是，信息仍然迅速地传遍了整个鱼群。

在一个非常相似的实验中，由安德里亚·卡瓦尼亚领衔的意大利科学家团队对在罗马的椋鸟运动进行了分析。研究团队在国家博物馆的屋顶上安装了一些摄像头。

两年多的时间里，他们从不同的角度拍摄了许多椋鸟群。借助专门开发的算法，他们能够再现每只鸟的位置和速度。通过他们非常精确的分析表明，椋鸟只对周围的一小群其他椋鸟做出反应，但它们之间的距离是“弹性”的。每个动物都有自己的、相当稳定的邻居信息网络，只对邻居们的方向变化做出反应。像金体美鳊一样，椋鸟也只是处理局部信息。因此，这两个实验都证实了理论模型所依据的简单基本规则。

4. 人类行为模式：规则驱动的本质

但是，人们在“群体”中的行为表现又是如何的呢？这就是行为生物学家延斯·克劳泽想知道的，他和同事们一起对成群的人进行了实验。

科学家们想知道，在设定了某些特定规则的情况下，人类是否也会表现出类似的群体状态。在实验中，200 名志愿者被随意安置在一个直径 30 米的圆形场地中，他们必须随机站位。受试者需要在“开始”信号发出后遵守以下规则：1）他们必须以正常的行走速度移动；2）不要与其他人距离太远。并没有告知他们应该遵循其他人的行走方向，并且避免碰撞。在行动信号发出和最初的混乱之后，大约 30 秒后还是出现了一个集体性的行进模式，通常是形成一个涡流，所有的受试者都在一个环流中行进。有时会形成两个同心涡流，一些受试者在内侧轨道上向一个方向行进，另一些受试者在外侧轨道上向另一个方向行进（见图 6–4）。这与鱼群和鸟群的相似之处清晰可见。即使没有提出明确要求，人们也遵循了定向规则，正如我们从模型中知道的，这对于涡流的形成是必要的。

大约在同一时期，物理学家德克·赫尔宾开发了另一种专门为人类量身定制的数学物理模型。赫尔宾是最早尝试借助物理思维方式和数学定律来描述和解释行人动力学的科学家之一。赫尔宾的出发点是理想气体和物理质量粒子的经典动力学，它们通过彼此之间的作用力改变速度和方向。从结构上看，赫尔宾模型类似经典力学中的牛顿运动方程。在气体中，分子自由运动，并且

图 6–4　如果让人们成群结队，很快就会出现同心的，有时是相反方向的涡流运动。

相互碰撞，就像台球桌上的台球一样。当然，如果人们彼此不做出相应的反应，也会发生碰撞，而这种情况有时也会发生。赫尔宾将这些物理力量扩展到所谓的“社会力量”。由于行人在路上行走通常有一个目的地，因此他们的移动会遵循一个优先选择的方向。在模型中，一个人的目的地就像具备一种吸引力一样地发挥作用。如果一个人距离障碍物或另一个人太近，第二个社会力量就会发挥作用。这种力具有像磁铁的两个相同磁极一样的排斥作用，并引起方向的轻微改变，人会避开障碍物。如果没有躲避的可能性，人们相互间会发生碰撞，他们推搡着或互相推挤，就会像物理过程一样产生摩擦。

赫尔宾在计算机模拟中对各种场景进行了研究。一个简单的例子是可以双向通行的人行道。当行人密度低时，不会形成任何结构，单个行人很少需要相互避让，并且差不多可以以直线向目的地行进。只有当超过一定的行人密度时，才会自动出现定向通道，就像之前所提到的蚂蚁的例子。根据人行道的宽度，有时形成两条通道，有时三条，有时好几条。模型的预测后来在实验中得到验证。受试者被要求从一个方向或另一个方向穿过一条地下通道。然后调整行人密度。正如赫尔宾的模型中一样，只有在达到一定的密度之后，双向有序运动人流才开始形成，而且没有任何人为此给出信号。

赫尔宾的“社会力量”模型是如此具有普遍性，以至于它也可以应用于人群高度拥挤的情况，例如爱的大游行或麦加朝圣中的人流。如果让模型中的所有行人朝一个方向行走并且增加行人密度，则人群的速度最初保持不变，但是，当人流量达到临界密度时，整体速度会突然下降，并且降幅很大。接着，没有持续的减速，没有“不顺畅的通行”，而是立即出现拥堵。

拥堵主要发生在通行路线上存在所谓的瓶颈时，即通道短暂变窄使得行人密度上升，但这还不是全部：根据模型预测，随着拥挤人群密度的增加，行人的流动将恰好经历三个阶段，并且也只有这三个阶段。第一阶段是层流阶段，人们以低速匀速向前行进。第二阶段是典型的走走停停阶段，在这一阶段，拥堵形成，以与人群前进相反的方向向后扩散。前进速度明显下降。这些阶段人们很熟悉，在大城市高峰时段的车辆交通中，或学校假期开始时的高速公路上有所体会。然而，对于行人来说，还有第三个阶段：人群湍流。正是这种现象导致了爱的大游行的不幸事故和麦加朝圣中一次又一次的灾难。如前所述，人群突然像混乱的流体一样，由于极强的压力波动，部分人群以相对较高的速度来回移动。因此，该模型能够通过单个行人遵循的简单运动规则，对完全不同的行人流场景进行准确的描述和再现。

然而，更重要的是，模型能够提供信息，使人们早在危险的人群湍流开始之前认识到情况正在变得危急。正如临界现象一样，运动和行人密度中在统计学上可测量的波动预示着一个迫在眉睫的临界点。因此，模型为这种情况提供了一个早期预警系统。此外，借助这一模型，可以开发预防人群湍流形成的引导系统。移动人群中的这些统计波动可以被自动测量。一种实时分析视频的算法会在人群湍流状态发生前几分钟发现相关的征兆，并且对该情况示警。就这样，2006 年米纳朝觐灾难发生后，朝圣引导系统得到了相应的改进。

在人群拥挤的情况下，最初看起来似乎不合理的措施往往会奏效，正如另一个应用案例所示，当大型公共空间遇到快速疏散时，许多人同时涌向紧急出口。在这里，人群聚集越来越多，导致拥堵发生。赫尔宾的模型可以表明，从两个相邻的小型出口撤离比从一个宽两倍多的大型出口撤离要快得多。更令人惊讶的是，如果在紧急出口前一米处放置障碍物，则大厅的疏散速度会加快。但这正是模型所预测的：如果在紧急出口前放置一根柱子或一面窄墙，人们会自动排列成两条人流，并且根据拉链原则[①]离开大

① 一种“交替通行”的方式。

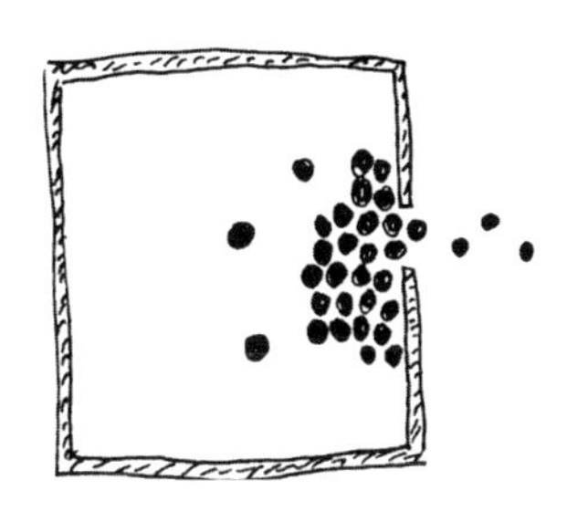
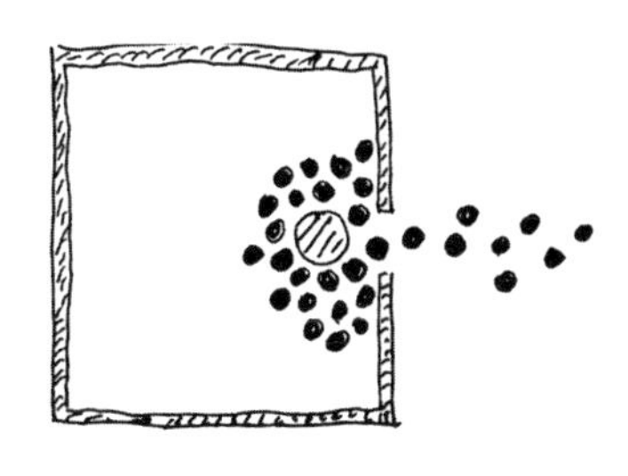

图 6–5　疏散恐慌。如果紧急出口前有障碍物，人群可以更快地疏散出房间。

厅（见图 6–5），出现拥堵或人群湍流的现象大大减少。这一预测也在人工疏散实验中得到证实，如今正在像音乐厅这样的场所中付诸实施。

5. 集体智慧的本质：简单规则与局部互动

尽管具有复杂性，蚂蚁、鱼、鸟和行人的集体运动也当然只是集体行为的一个方面。当在集体中做出决定时，如果群体变得比其个体更聪明（或更愚蠢），那么事情会变得特别有趣。对于动物，我们很容易朝这个方向思考。但是当我们考虑到自己时，要接受我们作为一个群体比任何个体成员更聪明，可能会比较困难一些。关于人类的集体智慧（或愚蠢）的例子有很多。

但在这之前，让我们将视线再次转向行军蚁。首先，行军蚁用自己的身体来筑巢就是一种非常令人惊叹的协调行为，并且，它们在集体中可以做更多的事情。当兵蚁成群结队袭击周边区域时，它们必须在崎岖不平、落叶覆盖的原始森林地面上铺设道路。这可并不总是那么容易。如果兵蚁遇到地面有坑洞，它们就干脆用自己的身体填满坑洞，为其他行军蚁铺平道路。兵蚁还用自己的身体建造了蚁桥，伊恩·库辛在实验室里对这些蚁桥进行了仔细研究。得出的结论：当参与组成蚁桥的兵蚁数量最少的情况下，蚁桥具有最高的稳定性，因为在之后的捕猎时，“蚁桥兵蚁”会暂时掉队。行军蚁集体解决了一个数学优化问题，这是集体智慧的显著标志。

具有类似智慧行为方式的还有臭名昭著的红火蚁，它们原产于南美洲，已造成了美国南部地区的生态问题。这种具有侵略性的蚂蚁物种越来越多地开始攻击人类，甚至能够在洪水中幸存下来。在大雨期间，当水滴落在地上时，红火蚁会识别声音信号并进行聚集。一个红火蚁群落的工蚁互相卡住形成漂浮在水面上的活的蚁筏，保护里面的蚁后和蚁卵不被淹死。雄蚁中的一部分会被捎带上，剩下的则沉水。在建造蚁筏和蚁桥时，个体红火蚁如何做出决定，哪些刺激会导致哪些解决方式？为什么不是所有红火蚁都做同样的事情？一只行军蚁如何知道是应该帮助建桥，还是应该去加入捕猎的队伍？

6. 集体决策的形成机制：简单规则与局部互动

对于形成群落的昆虫，人们必须假设有某些刺激规则会产生它们复杂的行为模式。但是我们人类的行为方式有哪些呢？我们如何做出决策？怎么看待自由意志？即便是在集体中，决策不都是由心理和个人因素决定的吗？我们在集体中做出决策难道不是通过口头和非口头交际、说服和达成妥协吗？我们不是因为作为个人已经拥有很多智慧而使所在的集体变得更有智慧吗？有趣的是，实验表明，在将共识作为集体行动和多数决定的基础时，我们与鱼和蚂蚁在某些方面并没有太大区别。

首先为了更好地了解动物的决策过程，伊恩·库辛用他的金体美鳊进行了非常特殊的实验（见图 6–6）。这些小动物具备学习能力，还擅长识别和区分颜色。库辛对一组金体美鳊进行了训练，在水族箱里有黄色标记的位置可以找到食物。他用蓝色标记训练另一组金体美鳊。库辛将食物位置安排在水族箱狭窄的一侧，间距变化不定。

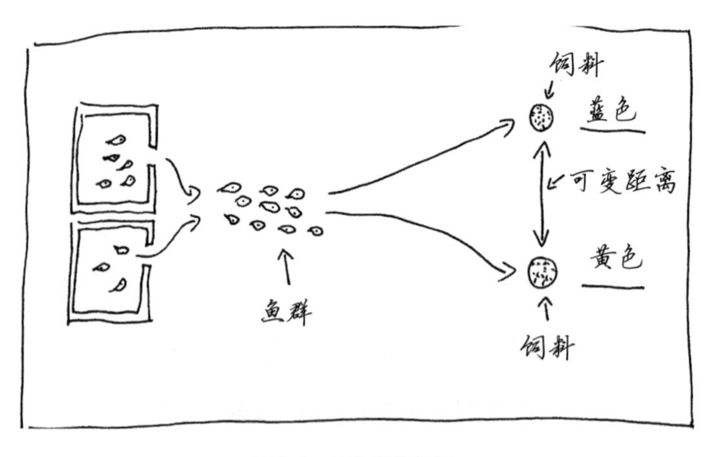

图 6–6　金体美鳊实验。

在对面，库辛将具有不同颜色偏好的鱼，即“黄色鱼”和“蓝色鱼”，放在一起形成一个鱼群。例如，一组由 5 条蓝色鱼和 5 条黄色鱼或其他组合形式组成。当鱼开始寻找食物时，作用在每条鱼身上的力量有两种：一方面，每个个体都被所偏爱的食物位置吸引；另一方面，动物不想离开群体。当然，我们也知道在人群中也有这种矛盾冲突。最初，鱼群向食物位置的方向连贯地移动。但是随后就必须做出决定。鱼群很少分裂，待在鱼群中的需求实在太强了。如果蓝色鱼和黄色鱼的力量关系是均衡的（各有 5 条鱼偏爱蓝色或黄色），鱼群会作为一个整体向一个方向或另一个方向移动。有趣的是，即使在大型团组中，一个成员的力量差异也确保了几乎总是做出多数决定。因此，如果一个鱼群中有 6 条蓝色鱼和 5 条黄色鱼，那么选择的结果就落在了蓝色位置上，尽管鱼天生不会数数。

在一个类似的实验中，具有颜色偏好的金体美鳊被派去与许多其他未经训练的鱼（“无知的”个体）一起寻觅食物。当然，这里“有知者”作为领导者带领鱼群前往食物来源位置。然而，以下结果颇具启发意义：对于相对更大的群体，需要来引导鱼群朝着正确的方向行进的领导者数量占整个群体的百分比更少。这意味着：群体越大，单个领导者的作用半径就越大。所有这些实验结果都可以在数学的群体模型中以完全相同的方式予以重现。模型准确地预测了观察到的行为，尽管最终只是不同力量的相互竞争：群体的凝聚力和个体对不同方向的偏好。

7. 集体共识的形成：无意识的结果

借助这一模型，还可以回答在实验中不那么容易检查验证的问题。当少数意见非常强烈的主导个体遇到持有不同意见的温和多数时会发生什么？这个问题的答案无法真正通过金体美鳊实验得出，因为不能把这些鱼分成温和的或是占主导地位的个体。但是，这些因素可以在模型中加以考虑。对于我们人类来说，少数大声的个体主宰大多数异议者并将其意志强加于人的情况并不罕见。在群体模型中，如果将少数占主导地位的蓝色鱼与许多温和的黄色鱼放在一起，确实可以观察到，蓝色鱼可以贯彻它们的少数意见。因此，如果多数派是温和的，那么群体不会做出多数决定。

但是当许多中立个体加入时，情况会如何变化？在政治和社会学上，人们通常认为中立的人群为大声的煽动者铺平了道路，即许多人的中立加强了大声的少数派的影响。有趣的是，计算机模型显示的恰恰相反：如果在占主导地位的少数和温和的多数基础上添加一组中立的个体，这会减少占主导地位的少数的影响，并使多数决策更有利。中立个体团组越大，群体越有效地达到多数决策。

在前面提到的延斯·克劳泽和他的同事们进行的行人群实验中已经提供了证据，这个实验进行了如下扩展：在发出开始信号之前，所有受试者都得到了带有附加指令的纸条。大多数人得到了一张空白纸条，所以他们只需要继续遵循基本规则：以正常速度行走，尽可能不要离开团组。然而，有少数人得到了额外的任务，行进方向为大厅尽头的一块黑板，当然，不能向其他人透露他们的目的地。出发信号发出后，熟悉的群体形态初步形成，随后整个人群在不知是谁负责的情况下，逐渐朝着目标黑板的方向移动。“知情的少数人”将集体拉向了正确的方向。在这里也表明，只需要极少数知情者就能引导人群。

也有一些实验是用两组目标相反的知情者进行的。在这里，多数总是占据了上风，但有时也会出现长长的人群，将不同的目标黑板连接起来。显然，人们也倾向于通过集体行为完全无意识地做出更好的决定。

当然，在现实中，人们很少为了将一组人拉到角落里而在体育馆或展览馆里跑来跑去，并且，这些观察和理论究竟是否与现实情况相关。事实上，这些发现很重要，它们表明，我们可以在没有直接或明确交换信息的情况下做出共识决定。

延斯·克劳泽和他的同事们一起在一项完全不同的研究中进行了调查，以探寻真实情况下由专家组成的集体是否会做出更好的决定，如果是，那么会是在怎样的条件下。为此，研究人员对 140 位皮肤癌和乳腺癌专家的 20 000 份医学诊断结果进行了评估。如果一个小组中个体的诊断结果相差不大，那么从统计上看，整个小组更有可能做出正确的诊断，甚至比团队中最好的专家本人做出正确的诊断还要精准。但是，如果团队内部的诊断结果差异很大，那么这个小组的表现水平就会较低。因此，团队明显可以做出比最好的团队成员本人更好的决定。

当知道团队中哪些成员享有特别高的声誉时，事情就会变得有趣。这种情况下，团队的表现再次变差，因为那些不太成功的成员倾向于跟随“领头羊”，并降低了他们自身对团队活力的影响。

8. 社交媒体与集体意见极化：强化个人信念

所有这些认识都很有价值，但它们忽略了一个关键点：意见和评估会发生变化。在目前为止讨论的例子中，有一个假设是个人对情况的评估是恒定不变的。无论是对于去寻找食物位置的鱼，成群结队行动的人，还是体育馆实验中的蜂拥聚集的人，信念是一股重要的力量，并且不会改变。

而现实中的情况是不同的。选民会从拥护一个政党转向支持另一个政党，甚至政治家们也会时不时改变他们的信仰。因此，当人们集体做出决定，但个人在此过程中改变主意，那么事情就会变得复杂。因为所做出的决定反过来会影响意见的变化，此外，观点和信念也是通过交际和所有参与者对彼此的影响而确定的。意见是如何传播，并在群体或社会中确立自己的地位的呢？只有解开这个谜，才能理解集体行为。为什么会有 7 000 万美国人在 2020 年美国总统大选中投票给唐纳德·特朗普，尽管事实证明特朗普在 2016—2020 年的总统任期内在高尔夫球场上度过了大约 400 天，并且撒谎超过 22 000 次？为什么像“匿名者 Q”这样的阴谋论运动以及各种各样的阴谋论故事会在社会上引起共鸣并传播开来？哪些人际关系机制导致了过滤气泡和回声室效应的形成，两极分化、政治极端主义和民粹主义是如何产生的？所有这些社会现象都基于观点和信念，并且是高度动态的过程。毫无疑问，世界范围内的民粹主义和政治两极分化日益加剧。在 2020 年的一项研究中，经济学家曼努埃尔·芬克、莫里茨·舒拉里克和克里斯托弗·特雷贝施调查了过去 120 年中 60 个国家的政府，发现自 1980 年左右以来，民粹主义，特别是右翼民粹主义政府的比例从 5% 增加到约 25%。

在 2018 年的另一项研究中，扎卡里·尼尔调查了

1973—2016 年间美国参议院和众议院的政治两极分化。对于每一项单独的法案，他调查了民主党和共和党的哪些政治家参与其中，以及跨党派联系的频率，即不同党派人士之间合作出现的频率。尼尔为每一年都制作了一个协作网络，并用网络理论方法对其进行了研究。如果将这些网络可视化，就会立即发现，自 1980 年以来，民主党人和共和党人之间的联系逐渐减少，如今，参众两院已经分裂成两个几乎完全互不相交的政治阵营。

这种发展的诱因是什么，又有哪些因素促进了这种发展？社会媒体通常被认为是其中一个责任因素。事实上，如今每个人都可以获取全平台信息，但不同的信息平台服务于不同的利益。20 年前，尽管人们有不同的政治观点，但绝大多数人都依赖于少数新闻来源，他们只是从相同的信息中得出了不同的结论。而今通过互联网和社交媒体，相互冲突的信息来源都会声明自己的真实性，从而为消费者提供加强他们自己信念的信息，这如今已成为常态。“替代事实”已成为一句口号。因果就这样颠倒了。过去，信念更多地来自事实，而如今，越来越多的“事实”被创造出来，服务于信念，并且加强信念。作为一种强化效应，脸书和推特等社交媒体使与其他志同道合的人直接交换信息成为可能。人们过去依赖与邻居的交流和八卦，这些邻居不能由他们自己选择，而今天，整个世界都可以是寻找志同道合者的宝库。这个论点是结论性的，但是否可以为所概述的过程提供定量证据？意见形成遵循哪些规则？哪些影响是不可避免的，哪些因素占主导地位？

9. 经典意见的形成模型：探索集体意见的产生

对意见形成和真实社交网络（非在线网络）动态的研究由来已久。在这一领域里最初提出的也是简单的数学模型，与目前为止所描述的其他模型一样，这些模型通常是理想化和抽象的，但是它们仍有助于反映群体或社会中意见动态的基本方面。其中包括意见分布的稳定性、意见的多样性、意见的同质化、两极分化或社会规范的形成和消失。意见形成模型的总体目标在于研究对某些议题的意见分布，但与其说是涉及解释对某一特定议题的意见分布的确切情况，不如说更多的是涉及理解普遍结构的问题。这些分布通常具有易于分类的形状。

在问卷调查中，对某个议题表示赞成与否通常用数值进行计算，例如在一个区间范围内：−5、−4、−3、−2、−1、0、+1、+2、+3、+4、+5，其中 −5 对应于非常强烈的反对，+5 对应于非常强烈的赞成。在实际调查中，答案的分布具有特征性结构（见图 6–7），例如大多数值在中性区域，而没有数值在边缘区域。如果意见调查中备选答案通常只是位于极端的边缘区域，那么这个议题就会出现强烈的两极分化。

最著名的意见形成模型可能是所谓的“选民”模型，这是由两位数学家托马斯·利格特和里查德·霍利于 1975 年提出的。在这个模型的一个变化版本中，单个人被建模为网络中的节点，每个节点只能有两种意见之一，+1 或者 −1，“蓝色”或者“红色”，“左”或者“右”，具体根据人们各自的愿望。所有节点都受到网络邻居的影响。一开始，节点按照 50% 对 50% 的原则随机分配意见。然后动态定义如下：以随机顺序选择“选民”，并依次采纳随机选择的一位邻居的意见，无论意见可能是什么。

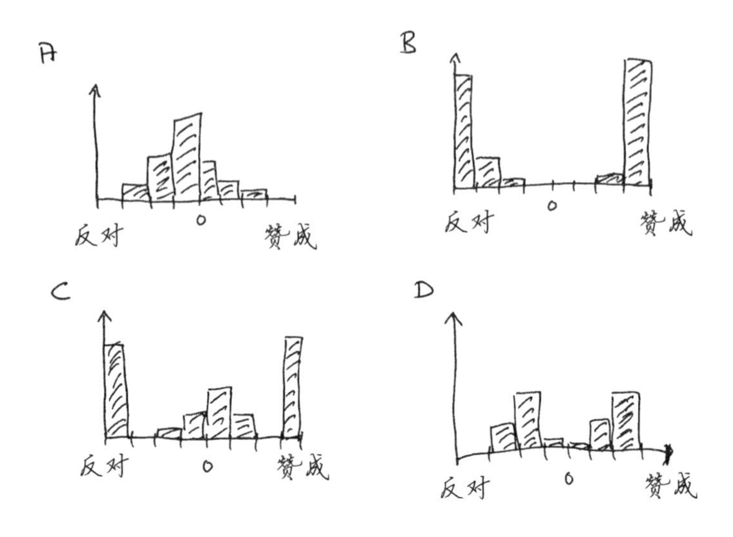

图 6–7　意见分布可以有不同的形式：
A. 大多数人是中立的；意见在一个方向或另一个方向上越强，持有该意见的人就越少。B. 意见两极分化，只有极端的意见。
C. 全体由意见边缘的狂热者和温和的中间派组成。
D. 意见分为左和右两个阵营，但并不极端。

当然，这种情况在现实中是不会发生的。然而，看看在这个系统中会形成什么样的意见结构是很有意思的。一段时间之后，出现了统一意见的“岛屿”。动态发生在网络中意见的边界。由于系统固有的随机波动，在某一时刻一种意见将占据上风。

选民模型旨在研究网络中是否出现了具有稳定的同质

意见的不同部分，但是这一模型无法解释意见的多样性。选民模型的一个扩展是所谓的多数决模型，这里每个网络节点都采用其网络邻居中占优势的意见。如果系统是随机初始化的，那么一段时间后会形成统一意见的区域，这比选民模型的区域要稳定得多。但即使在多数决模型中，在某一时刻也只有一种意见存在（见图 6–8）。

此外，无论是在选民模型还是在多数决模型，意见的

图 6–8　无论是在选民模型还是在多数决模型中，在短时间后会出现具有相同意见（黑色或白色）的网络区域，到某一时刻只会有一种意见存在。

数量都不产生影响，结果保持不变。选民模型和多数决模型受到普遍欢迎的另外一大原因在于，人们可以在没有计算机的情况下对模型进行数学分析。如今，人们可以借助计算机模拟研究更复杂的数学模型。纪尧姆·达夫昂特在2000年提出的模型采用了一种更现实的方法。在这个模型中，一个意见被赋予一个来自连续值范围的数值，例如介于 -1 和 +1 之间的值，标度的两端代表极端意见，0 代表中立意见。例如，数值 -1 可以代表意见“我强烈反对高速公路限速”，数值 +1 代表“强烈支持限速”，数值 0 表示“对此议题漠不关心”。人们可以通过这种方式对许多议题进行大致的描绘。

在达夫昂特模型中，如果两个意见不同的人相遇，他们就会做出妥协。如果其中一个人 A 的意见数值为 0.22，另一个人 B 的意见数值为 0.46，平均意见数值为 0.34，无论是 A 还是 B 都会将原来的意见向 0.34 数值的方向移动，这意味着，他们的意见都在向对方的靠拢。然而，在网络模型中，这个过程在所有链接的节点之间同时进行，整个网络会采取怎样的意见情况尚不清楚，因为意见到处都在不断发生变化。除此之外，只有在节点之间的意见没有太大分歧的情况下，才会形成妥协。例如，如果数值为 -0.41 的意见与数值为 0.67 的意见相遇，且置信区间仅为 0.3，则参与者不会改变意见，因为他们之间的差距高达 1.08。因此，在英语中将这一模型称为“有界置信模型”，信任在意见范围内延伸的程度是系统的一个参数。

如果在一个意见随机分布在 -1 到 +1 区间的网络上开始模型的计算机模拟，那么在很短的时间内就会形成稳定的意见集群，在这些集群内部，所有人都持相同的意见。然而，这些集群在他们的共识意见中相距甚远，以至于没有进一步的动态发生。但是，也有一些个别孤立的“极端分子”与共识意见相去甚远，以至于他们不再在意见范围内移动，因为他们与所有邻居的共识意见都相距太远，并且缺乏信任，无法受到这些温和节点的影响。达夫昂特模型是第一个产生稳定的意见岛屿的模型，也是第一个解释孤立的极端分子存在的模型，这些极端分子由于其极端主义的观点而不会再受到影响。然而，这个模型无法解释整个社会是如何变得激进或两极分化的。

10. 激进性和极端主义传播的模型：预测两极分化和极端主义增加

长期以来，科学家们一直试图使用简单的意见模型和扩展的达夫昂特模型变化版本来描述强烈极化的意见分布或激进化的发展，并对数据情况进行解释，但这些尝试基本上没有成功。直到 2018 年，美国加利福尼亚大学洛杉矶分校的数学家 Yao-Li Chuang、玛丽亚 · R. 迪奥尔索格纳和 Tom Chou 提出了一个模型，能够成功地描述激进性和极端主义传播的各个方面。他们的模型也是一个数学模型，通过一组意见形成规则来描述动态。模型同样也是基于一个连续的意见范围，每个意见都有一个介于 −1 和 +1 之间的数值，区别在于极端意见和激进性的差异。在过去的模型中，意见范围内处于边界区域的意见总是被等同于激进。有极端观点的人，例如意见数值为 0.95 或 −0.97，在模型中仅仅称其为狂热者，不一定是激进的。数值小的意见是温和中立的。一个很好的例子是美国中西部的阿米什人，这是一个有着相对极端生活方式的虔诚宗教群体。他们不使用电力，不使用汽车，反对现代生活的许多方面。他们坚决抵制暴力。然而，阿米什人并不激进，因为他们的态度不是源于对其他生活方式的拒绝和攻击，他们对那些想法不同的人是宽容的。

激进性是加利福尼亚大学洛杉矶分校模型中的第二个变量，它对那些面对想法不同的人的态度或不容忍进行了量化。面对无神论者，一个意见数值为 +1 的非激进的宗教狂热者并不抱有负面情绪。一个意见数值为 -1 的坚定的无神论者也会容忍对宗教非常虔诚的人。两者可以共同讨论，并互相倾听。但如果有些人是激进者的话，这意味着，他们首先反对其他意见，也反对持这些意见的人。原则上，持中立观点的人也可能是激进的，因为他们反对所有具有坚定信念的人，无论是否有宗教信仰，无论是左派还是右派。

在加州大学洛杉矶分校模型中，个人可以改变他们的意见以及他们的激进性。意见的数值处于从 -1 到 +1 的连续范围内，而一个人的激进化仅通过一个二元变量来描述，要么是激进的，要么不是。激进分子和非激进分子的区别在于如何对待他人的意见。非激进分子对其他非激进分子的意见做出的反应是开放的，无论这些意见来自怎样的意见范围区域。他们可以接近后者的意见。但是，他们对于持意见范围内各种观点的激进分子都做出了负面反应，并且将他们的意见与激进分子的立场进一步拉开距离。反过来，激进分子会对在意见范围内与他们持同一立场的其他人做出积极正面反应，无论他们是否激进。但是，他们对属于持另一立场的所有人都会做出负面反应。

但是在这种模式中，是如何产生意见转变和激进性的呢？意见环境在这里起决定性作用。如果人们与其环境之间的意见对立程度太大，就可能会变得激进。如果环境持与某人相同的意见，就不会产生紧张关系。一定限度内的意见多样性也是可以承受的。然而，如果一个人的意见明显偏离社会环境，激进化出现的可能性就更大。然后，这个人会更加远离环境中的平均意见，从而在其他人中造成更高的意见对立程度。激进化的可能性增加，可能会发生一连串的激进化，整个族群变得两极分化，意见的多样性变小，意见范围极端区域的集群急剧增加。

而这些动态的长期过程也可以在政治、健康、营养、教育和宗教等领域的各种问题的意见范围中观察到。如果在很长一段时间内对两极分化、极端主义和激进性进行测量，就会发现它们遵循加州大学洛杉矶分校模型预测的模式。这些简单的模型令人惊叹地准确预测意见的分布，这意味着在我们的意见形成时，我们更多地会受到环境中周围人群的直接影响，并且个人决策过程或思考所起的作用比我们以为的要小得多。

11. 过滤气泡和回声室效应：加剧意见极端化和社会分裂

但问题是为什么这些过程恰恰在过去几年中加快了速度。这一模型只能间接地回答这个问题。该模型的一个重要方面是分析交流人群之间的对立意见。在模型中，这个人群没有变化。但是，自从互联网和社交媒体出现以来，发生了很多改变。如今，我们不仅可以访问几乎无限数量的信息源，而且我们传达意见对立的社会结构变化得更快，具有更加灵活、更具可塑性和活力。因此，正在蓬勃发展和建设中的模型解释了为什么激进化、极端主义和两极分化是从这一点出发的。这些模型考虑到了社交网络的一个重要方面：过滤气泡，即社会同质性，就像俗话中说的“物以类聚，人以群分”，即人们更喜欢与志同道合的人维持社交关系的现象。亚里士多德曾在《尼各马可伦理学》中写到，人们总是喜欢与自己相似的人。对立面或许会相互吸引，但是对立面之间搭建长期的纽带，这是非常罕见的。科学证据表明，人们的四周围绕的首先是有相同或相似观点的人。在社交媒体时代，人们可以通过研究和评估脸书或推特网络等对于社会同质性的倾向进行很好的量化。

2011年，以菲利波·门泽尔为首的科学家团队对来自短消息平台推特的数据进行了研究。研究人员发现，属于某一个政治阵营对用户的互连有很大影响，因此来自一个阵营的人之间的互连比阵营之间的互连要频繁得多，类似美国参议院和众议院两极分化的观察结果。但正是通过这些新的网络，人们也可以互相传递信息，并且相互影响。如果这些社交网络被强烈分割成不同的意见集群，那么意见和信息的交流就会减少很多。同质的过滤气泡出现，信息在其中传播，但是也有虚假信息和“替代事实”的传播。回声室这个概念很好地描述了这些结构。从这些信息网络中会发出一个回响，与人们向里喊叫的一样。21 世纪的信息传播发生在社交网络上，其结构可以像信息本身一样快速变化，所以我们不仅要了解信息如何传播和意见如何相互影响，还要了解意见范围如何对网络结构产生影响。

早在 2006 年，网络科学家佩特·霍姆和马克·纽曼就开发并研究了一个简单的动态网络模型，模型解释了过滤气泡是如何形成的。在他们的模型中，意见又是一个动态的量，人们可以在其他意见的影响下改变自己的意见。此外，人们会改变他们自身的网络结构。作为模型节点，他们可以解除与不同意其意见的其他人的联系，并与具有相似意见的节点建立新的关系。模型能够预测两种场景：要么在整个网络中形成共识意见，要么出现同质过滤气泡，意见可以在其中生存，因为过滤气泡的成员不再面对其他意见。

如果总结一下上述两种模式的结果，就会得出这样的结论：同质群体的形成可以防止极端主义和激进性的发展。因为根据加州大学洛杉矶分校模型，在自己所处的环境中的意见对立变得太大时，即一个人遭遇其他意见的程度过于强烈，激进性才会出现。一个人追求社会同质性，即寻找志同道合的人，这一事实表明人们对和谐有着深刻的需求，他们希望被环境所重视，依赖于这种积极的反馈并在那里寻求认可。因此，社交网络平台上社交链接的灵活性应该可以给系统带来平和。

然而，如果我们更加仔细地研究信息流以及社交媒体的结构，会发现虽然个人在寻找志同道合的人并与他们进行互连，但在这个过程中，他们肯定会遇到其他潮流。与美国中西部的阿米什人不同，人们无法保护和隔离自己免受网上令人不快的信息刺激。在脸书或推特上的新闻推送中，每个人都会反复遭遇其他的观点，通常是激进的潮流和意见对立，这反过来又加强了自己阵营中的互连，从而导致社会的两极分化。人们经常提出这样的论点：这些过程的发生是因为阵营之间或单个意见团体之间的讨论太少，当一个人接触到其他意见时，会变得更加温和。但是，以科学的角度来看是另一种观点，这就是回声室。

在2018年的一个调查项目中，科学家对人们在面对不同意见时的反应进行了定量研究。在这项研究中，民主党和共和党选民被问及他们的信仰，他们需要判断对某些议题持怎样的立场。在第一轮调查之后，一些受试者必须阅读另一个阵营的政治报纸和博客文章，然后再次接受调查。阅读完文章之后，他们自己的反对意见不仅得到了进一步的增强，而且在意见范围内滑向更远的区域。显然，只有在其他意见的说明解释在非常温和的情况下进行时，人们才能改变或质疑自己本身的意见。

意见的形成，极端主义、民粹主义、激进性的出现当然是复杂的现象，而且是多层次的，将这些过程简化为简单的数学模型，将这些模型将参与者描述为遵循数学规则的无意志和无意识的粒子，这似乎是狂妄的。但是，我们必须考虑到这些模型已经预测了或可以描述许多的观察结果，这才是最重要的。这些模型很有价值，因为它们有助于我们更好地理解各种动态。当一个人的动态可以像椋鸟、鱼和行军蚁一样被很好地掌握时，这可能不是那么特别令人愉快，但总是有助于理解我们在集体中的行为。也许我们可以从椋鸟、金体美鳊和行军蚁身上学到一些东西。我们都被赋予了自由意志，我们可以决定自己做什么和不做什么。同时，作为个体，我们也遵循本能，在不同的情况下自动做出反应。尤其是在快速决策重要决定的时候，在驾驶汽车时，在紧急情况下，本能会接管身体，因为没有时间思考。作为个体，我们已经接受并内化了这两个组成部分。我们也经常使用自己的意志来对抗自己本能的力量。对于集体行为，问题就更加微妙了。群体模型和意见形成模型以及讨论的实验结果表明，我们在集体中经常根据自然规则和自动性行事，似乎是集体的本能。如果我们将集体视为限制我们个人选择自由并从外部决定我们的力量，这可能会令我们感到有些不安。更糟糕的是，我们的行为并不比许多动物聪明得多。但是，理解某些个体的反应和本能行为很有用。此外，在模型的帮助下，可以更好地控制集体中的自动行为，使它们避免导致灾难。模型还有助于更好地利用集体智慧的优势。例如，可以在团队或机构的结构设计中避免让大声的少数群体或不称职的领导者做出错误的决定，但可以在扁平的等级制度或网络中找到更好的途径，并且选择更明智的方向。

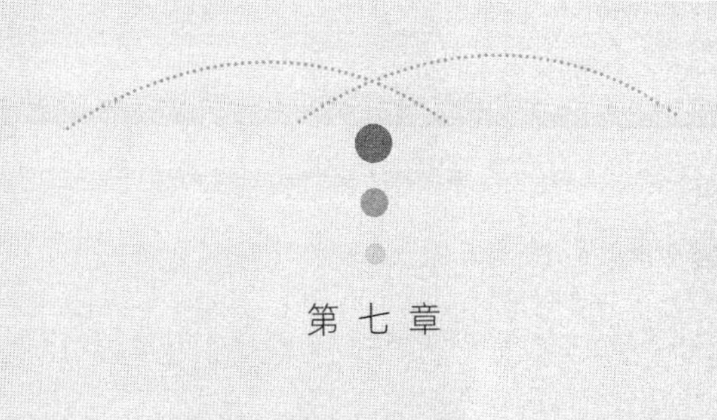

第七章

合　作

生命不是通过战斗征服了地球，

而是通过协作。

林恩·马古利斯（1938—2012），美国生物学家

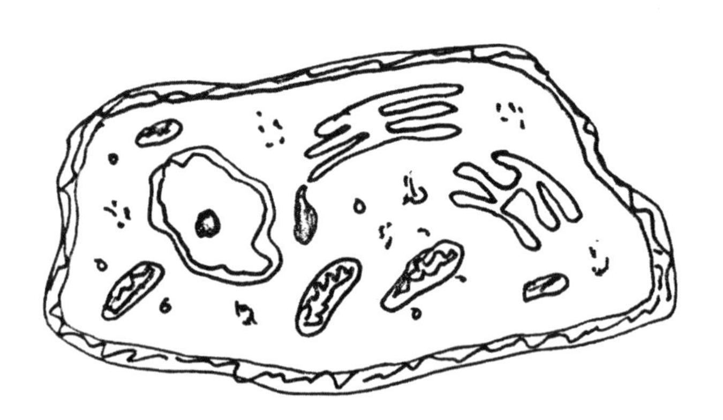

1981 年夏天，当时我 12 岁，第一次去了挪威，与其他童子军一起，参加了为期两周的课外旅行，这是知名的颇有争议的年度“亮点”活动。我们教区的牧师康拉德·弗伦策尔组织了这次旅行。约 20 名青少年和 3 位成年人乘坐 3 辆大众汽车的大巴驶向北方，计划在野外生活两周。放眼四望，只有水和森林，没有他人，没有建筑物，没有电，也没有厕所，陪伴大家的是湿冷的睡袋和蚊子的叮咬。康拉德·弗伦策尔是一个非常有魅力和聪明的人，当年应该是 40 岁左右。他最出色的特点是对儿童和青少年工作的责任心。如果我必须列出对我的进一步发展产生持久影响的 5 个人，弗伦策尔先生肯定会名列其中。如同挪威之旅直至今日仍然是我生命中绝对的亮点之一。直到很久以后，我才明白我在这次旅行中到底学到了些什么。

活动计划中包含一项“野外生存”训练，如果有谁愿意，可以一起参加。野外生存团队在距离营地大约 20 千米的地方下车。我们有一张地图和一个指南针，用来寻找回去的路。日落时分，我们搭建起营地，弗伦策尔先生讲起了恐怖故事。我的任务是和另外一位男孩去寻找木柴，搜集木柴活动教会了我如何与人合作。虽然另外一位男孩和我都无法忍受彼此，但是我们两个都很害怕，因此很乐意进行合作。

对于社会生物来说，合作行为中蕴含着附加值。我们在“集体行为”这一章节中看到，行军蚁群和椋鸟群是如何共同解决问题或避免危险的。但那是另一回事。在集体行为中，很多相似的个体按照一定的规则进行互动，集体效应不可避免地自动产生。

而那个男孩和我——两个完全不同的个体，也以复杂的社会方式进行了直接合作。个人之间的合作，例如亲戚、熟人、朋友或者陌生人之间的合作，可能会是非常复杂和多样的。作为社会性灵长类动物，我们人类分享信息的方式在很大程度上取决于个体之间的关系，还取决于环境状况。人们或许可以认为，正是我们的交际与合作的复杂性体现出我们作为智人物种的突出特点。当然，我们知道，其他灵长类动物之间，例如黑猩猩或大猩猩，也以其他形式发生类似复杂的交际与合作。尽管如此，根据常见的观点，我们作为一个物种在交际与合作方面的表现令所有生物相形见绌。我们甚至驯化了动物和植物，与它们进行交流和合作。我们与我们的宠物交谈，使小麦成为世界上最成功和最广泛种植的植物物种。从本质上看，文化、文明、科技进步、法律和国家制度是复杂的人类合作和交际的产物。从这个有些肤浅的角度来看，人们可能会推断出智人是在合作方面进化程度最高的生物生命形式。但这是错误的。

这种诠释通过与野生动物的比较得到了进一步加强。电视上的自然纪录片经常聚焦资源竞争，我们在报道中看到鹰捕杀田鼠，鳄鱼将牛羚撕成碎片或者蜘蛛毒死昆虫，看到单个物种如何巧妙地适应环境，生存斗争令动物多么筋疲力尽，自然界是何等残酷。雌性蜘蛛会吃掉它们的交配伙伴，这令我们不禁毛骨悚然。吃和被吃，这就是自然界的生存法则。大鱼吃小鱼（见图 7–1）。雄性动物为了争夺雌性而相互较量，强者胜出并获得繁殖的机会。

谈到植物时，会讨论它们使用何种招数来争夺阳光。这些故事很典型：所有这一切都是竞争。关于物种之间的共生关系很少有报道，例如蜜蜂和蝴蝶等传粉者与植物之

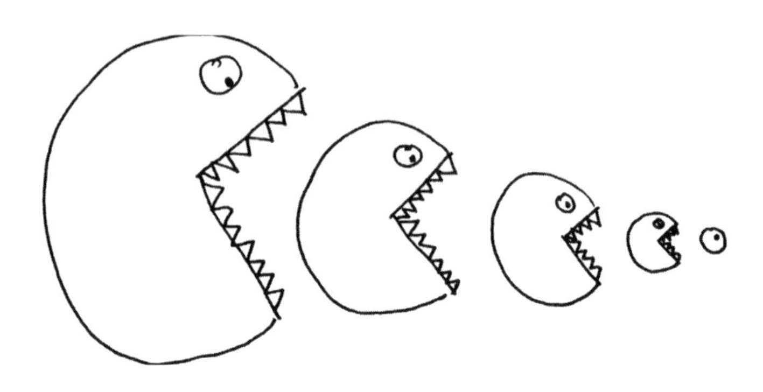

图 7–1 大鱼吃小鱼。

间的合作，这些植物喂养了传粉者，而反过来传粉者又确保这些植物的繁殖，或者是那些去除鳄鱼和河马嘴里的寄生虫，并以它们为食的鸟类。这都是十分明显的双赢局面。共生和互惠（一种双方都从中受益的自愿共生方式）被理解为边缘现象和自然界中一种特殊的形式。

1. 进化论：局限性与复杂性

迄今为止，描述自然界以及物种之间相互作用的方式主要与达尔文的进化论有关，这些理念从 19 世纪中期到

20 世纪末主导了我们的思维。1859 年，达尔文发表了科学巨著《物种起源》，创立了进化生物学理论，并掀起了一场科学革命。在有史以来最重要的科学家排名榜单上，达尔文经常名列第一。

达尔文（1809—1882）经常外出旅行。1831 年，22 岁的达尔文乘坐“贝格尔号”探险船，开始了为期 5 年的环球航行。沿途一站一站到过许多地方，其中包括巴西、智利、加拉帕戈斯群岛、新西兰和澳大利亚。所到之处，他以极其敏锐的眼光观察当地的自然，他在旅途中就已经发展了进化论基本原理。达尔文从他的观察中，尤其是对不同动植物物种的详细比较中，得出结论，物种的形成和多样性可以用两种基本机制来解释：遗传变异和自然选择。他提出假设，物种在一代又一代之间偶然地改变了它们的一些特征。变异是带来优势的，因为经过变异可以更好地适应外部环境，比如更容易寻找到食物，那么这一特征会被自动选择，并且该特征的携带者也会有更多的后代。“适者生存”是被广泛引用的达尔文进化论的主要观点，却在提出之后的几十年里被以前所未有的程度误解和滥用。“适应性”这一概念是进化论中最重要的指标，它并不描述某一个体或物种有多顽强、多敏捷、多勇敢，而是描述它们对外部条件的“适应”程度有多高。达尔文当时还无法回答的问题是，特征及其变异是如何产生的，并且是如何传递给下一代的。

大约在同一时期，奥地利修士格雷戈尔·孟德尔（1822—1884）对豌豆植物的性状遗传进行了首批对照实验，并发现了其中的基本数学规律。也许你也曾在生物课上学习孟德尔定律。通过遗传学和达尔文进化论的结合，后者直到20世纪初才完全确立，这意味着对自然界和物种多样性的认识取得了巨大的进步。

然而，达尔文的进化论不仅通过成功地解释了物种的起源和发展而确立了其地位，在19世纪下半叶和20世纪初，进化论的普及通过在社交、社会和政治环境中的应用得以进一步增强。生存之争、资源之争、竞争、争斗和“适者生存”等理念在维多利亚时代的英国社会精英中引起了特别多的共鸣。1922年，英国的扩张达到鼎盛时期，殖民地人口占世界总人口的约四分之一，占地是世界陆地面积的四分之一。白人至上和殖民帝国主义被“适者生存”这一理念合法化。与此同时，人们将被曲解的达尔文进化论的原则作为资本主义的爆炸式发展的指导理论。于是，19 世纪末，社会达尔文主义发展成为最流行的社会理论之一，为种族主义、帝国主义、民族主义和法西斯主义提供了理论基础。

达尔文的自然科学进化论与 20 世纪初的社会经济和政治理想密切交织的程度之深，也体现在如下事实中：当时有一些最重要的进化生物学家和理论家是激进的优生学家和种族主义者。例如：卡尔·皮尔逊（1857—1936），他是数理统计的发明者，在英国伦敦大学学院创立了世界上第一个统计学系。他一方面是个社会主义者、自由思想家和英国君主制的根本反对者，另一方面又是一位优生学家，致力于保持"有价值"种族"不被污染"，并且将社会达尔文主义应用在国家层面。从本质上讲，他是一名国家社会主义者。皮尔逊有一位朋友是英国博物学家弗朗西斯·高尔顿，他是优生学和种族卫生学的创始人，也是一位坚定的种族主义者。此外，高尔顿还是达尔文的表弟。高尔顿认为，人种应该通过选择进行优化。时至今日，伦敦的一家研究所仍然以他的名字命名。另外一个例子是群体遗传学的创始人、统计学家罗纳德·费希尔（1890—1962）。费希尔也是一位优生学家，主张对"劣等"

人进行绝育。即使在第二次世界大战之后，他仍继续倡导这些观点。在写给德国医生和种族卫生学家奥特玛·弗赖赫尔·冯·韦尔舒尔的一份咨询意见书和支持信中，他这样写道：“我毫不怀疑，纳粹曾真诚地努力为了德国人民而采取行动，特别是通过消除有缺陷的个体。我在任何时候都支持这样的运动。”

“生存竞争”“为生存而斗争”等法则转移到个体、种族、民族和国家的竞争中，并且对“适者生存”这一概念的扭曲和错误解释使这些思维模式在自然科学、经济科学和社会科学领域得到巩固。不幸的是，至今在社会的许多层面依旧可以听到这些思维模式的回声。这是特别令人感到遗憾的，因为达尔文自己也已经认识到这些法则的不完整性。他知道，这些概念不足以用来解释各种自然过程。

尽管达尔文也将自然界更多地解释为一个战场，但他意识到，性状的变异和自然选择并不足以用来令人满意地解释例如物种之间的共生和互惠。此外，这一理论无法解释为什么进化倾向于突然发生而不是逐步发生。达尔文意识到，选择法则不仅可以影响个体，还可以影响物种群体。对于蜜蜂和蚂蚁等社会性昆虫，个体显然毫不起眼，这就提出了难解之谜。此外，该理论无法用“适者生存”这一简单规则来解释巨大的生物多样性——这一理论的预期是物种多样性会减少。达尔文进化论最多也只是一种近似理论，这一事实被社会达尔文主义者刻意忽略了。

在传统的达尔文进化论基础中存在一个很大的缺陷，就是在静态、不变的环境中研究性状变异和自然选择。正如我们在“临界点”一章中所看到的那样，在现实的生态系统中，动植物物种具有很强的相互连接，以至于一个物种的特征变化总是会影响其他物种特征的适应度，从而改变外部条件。在一个相互连接的网络中，不能孤立地看待某一网络节点的变化。网络没有边界，从而没有“内部”和“外部”，整个网络受制于进化机制。斯图尔特·考夫曼在“所有的进化都是协同进化”这句表述中考虑到了这一事实。我们可以假设，达尔文意识到了这一点，并将他理论的基本机制解释为一种简化的近似。在达尔文进化论的延伸扩展中，可以推断适应和选择不仅发生在物种内部，而且主要是通过物种的关系在彼此之间发生。

达尔文为了得出结论，只观察了自然界的一小部分。他的论证链涉及人们在“大型”的动物和植物身上所观察到的现象。整个微生物世界对于达尔文而言仍然是隐藏的。如果我们还记得微生物（细菌和古细菌）的生物多样性大约是所有植物和动物的10万倍，那么达尔文的理论只是基于生命形式的边缘群组而得出的。

2. 微生物学：生命系统中的重要角色

我们现在来谈论微生物，除了进化论之外，达尔文时代还出现了爆炸式发展的另一个科学分支：微生物学。借助不断改进的显微镜，人们第一次可以观察隐藏在肉眼之外的生命形式（见图7–2）。科学家们认识到，所有生命都由细胞组成，这些细胞共同构成有机体，无论是人类、动物、植物还是真菌。当时的一个重大发现是，在内部结构方面，各种生物的细胞都是相似的。这适用于细胞核（人们后来确认，细胞核包含遗传物质）和其他细胞器。这些是明确的内部细胞结构，在一个细胞的生化过程中发挥着

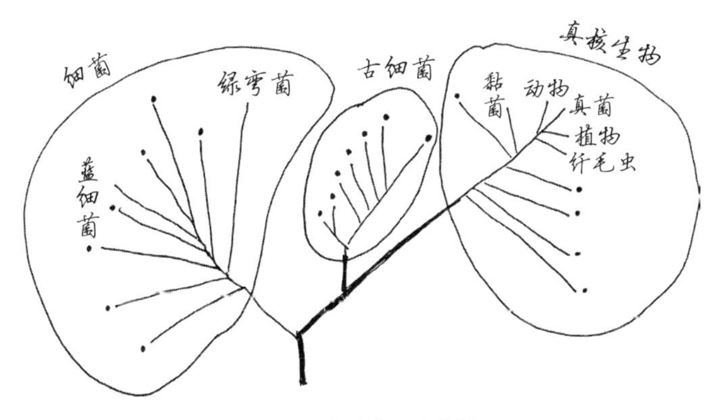

图 7-2　生命的三个领域。

作用。此外，早在 19 世纪末，人们就发现许多生命形式仍然是单细胞的，并非细胞联合体的形式。即使在这些单细胞生物中，也有一些细胞结构类似植物和动物细胞的变体，如纤毛虫、草履虫和其他的奇特小生物，它们被人们称为原生生物。因为动物、植物、真菌和原生生物都有细胞核，所以这些生命形式被人们称为真核生物。

但是，人们也发现了数量惊人的单细胞生物：细菌和古细菌，它们要小得多，并且没有复杂的内部结构。最初人们认为两者之间没有区别。直到很久以后，人们才发现细菌和古细菌在进化中很早就分道扬镳了，尽管它们表面上很相似，但实际上却大不相同。

现代微生物学创始人、细菌学家罗伯特·科赫（1843—1910）和路易·巴斯德（1822—1895）从事了细菌研究。罗伯特·科赫在可能是他最重要的发现中证明，细菌可以引发人类和动物的疾病。1876年，他做到能够培养炭疽病病原体炭疽杆菌，并且对其加以描述。后来，他又发现了肺结核的致病菌，详细调查了病原体的传播途径。在当时，这是一个巨大的科学突破。直至1900年，已有21种细菌病原体在实验室被鉴定出，并进行了培育。借助科赫和巴斯德的研究，现代医院卫生学发展起来，有了这些知识，可以采取更好的预防措施，更有效地治疗患者。由于许多病原体也可以在实验室进行培养，这为抗生素等药物的开发铺平了道路。科赫和巴斯德的贡献带来的可能性，在医学、微生物学和流行病学领域取得了巨大的进步。

但与达尔文进化论一样，某些简单化的元素已经在常识中确立起来，扭曲了正确的整体形象。科赫的研究工作给细菌带来了非常糟糕的形象，至今仍持续产生着影响。当我们听到“细菌”这个词时，首先想到的是病原体和病菌，而科赫绝对是推动了这一核心信息的传播者。

然而，事实上，细菌的致病性，也就是使我们人类或其他动物生病的能力，是相当罕见的。更重要的是，没有细菌，人就会生病，细菌对所有动植物的生存至关重要。美国著名微生物学家埃利奥·谢克特曾说过:“细菌会引发疾病；但是，将致病性细菌归于人类生存中的主导地位，就如同宣称地球是宇宙的中心一样，是一种人类中心主义。”然而，“细菌”与“疾病”的联系深深植根于我们的想法，以至于即便是致病性和非致病性细菌物种之间的关系也常常被完全误判。当在罗伯特·科赫研究所的新博物馆于2017年揭幕时，我作为“传染病建模”项目组的负责人参与了一些展品的开发。一切都安排妥当后，还有一面巨大的墙体空着。我当时建议在墙上画两个圆圈，每个圆圈的面积象征着已知的致病性和非致病性细菌种类的数量。如今人们在那面墙上看到的是一个直径两米的圆圈（代表非致病性细菌）和一个针头大小的圆圈（代表致病性细菌）（见图7–3）。甚至连我在罗伯特·科赫研究所的一些同事也对如此数量大小的对比感到惊讶。

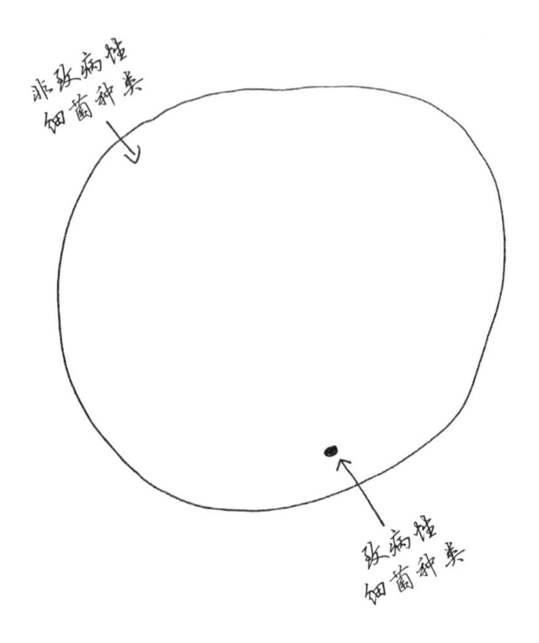

图 7–3　致病性和非致病性细菌种类。

3. 合作共生：高等生命的起源

巴斯德和科赫的成功掩盖了一个事实，即在同一时期，其他科学家也在创立另外的观点和阐述，这些观点和阐述现在才在现代进化论和微生物学领域重新获得关注。俄罗斯微生物学家谢尔盖·维诺格拉斯基（1856—1953）和荷兰植物学家马丁努斯·拜耶林克（1851—1931）研究了细菌在生态系统中的作用，他们想了解自然环境中的不同细菌是如何控制代谢过程以及如何相互作用的，例如它们如何结合和处理土壤中的氮，以及它们如何与其他细菌或植物相互作用。当科赫在思考把细菌当作引发一种疾病的个体病原体时，维诺格拉斯基和拜耶林克却将细菌视为更大整体的重要元素以及生物代谢的重要参与者。这两种看法相互冲突，20 世纪初，科赫所在的一派因其实践相关的成功而占据上风。

因此，俄罗斯微生物学家和进化论科学家更加强调集体性的整体和共生机制。20 世纪初的俄罗斯微生物学界也通过这种对微生物的看法发展了所谓的内共生理论和共生起源。共生起源描述了两种不同的有机体融合成一个新的有机体的过程。1905 年，康斯坦丁·梅列施科夫斯基发表了理论，认为动物、植物、真菌和原生生物（这些所有真核生物）很久以前由不同细菌原始生物融合而成。事实上，一些真核细胞器往往令人想起细菌结构。例如，每个细胞都含有线粒体，类似属于立克次氏体的某种细菌。该属的物种也以细胞内寄生虫的形式出现。它们有像细菌一样的外壳，有自己的基因组，即自己的遗传物质，并为细胞提供能量。植物另外还有叶绿体，是进行光合作用的小细胞器。叶绿体让人联想到光合细菌，即所谓的蓝细菌，它可以将光转化为能量。叶绿体也有自己的遗传物质。尽管梅列施科夫斯基对遗传物质一无所知，但他提出了这样的论点，即在世界上只有细菌和古细菌的时代，在某一时间点，一种古细菌吞下了另一种细菌，这种共生联合体随后继续存在，并为高等生物奠定了基础。

这种共生理论起初并没有受到太多关注。直到大约60年后，美国生物学家和进化论科学家林恩·马古利斯才再次提出这一理论。在1967年的一篇著名论文中，她将共生起源描述为真核生物形成的重要机制。一些生物学家将这一过程列为地球生命进化过程中最重要的过程，而林恩·马古利斯为此提供了一个基于证据的理论。

在许多方面来看，林恩·马古利斯都是科学界的一个例外现象。科学史学家扬·萨普的表述恰如其分：“查尔斯·达尔文之于进化，正如林恩·马古利斯之于共生。”

在 20 世纪 60 年代后期，马古利斯是最早有这样认识的人之一，即在交织网络中不同生物之间的共生关系、共生和合作以及相互作用，是自然界的主要原则。因此，她与理查德·道金斯和约翰·梅纳德·史密斯等古典新达尔文主义者形成了对立面，后者专注于个体和经典理念“适者生存”、生存斗争和物种之间的资源竞争。理查德·道金斯最著名的书籍《自私的基因》中证明了这一点。

在林恩·马古利斯 29 岁时发表她关于内共生理论的开创性论文之前，多家专业期刊都曾拒绝发表。因为这个想法太具有革命性了。直到马古利斯的理论被基因测序的新技术以及线粒体和叶绿体有自己遗传物质的发现所成功证实，此时又过了几十年。在众多关于不同微生物相互作用的论文中，马古利斯提供了越来越多的证据，证明在自然界，特别是在微生物世界中，合作和共生关系是常态，而不是例外。林恩·马古利斯和理查德·道金斯之间的公开辩论十分具有传奇色彩。道金斯曾经问：“既然共生如此复杂且不经济，你到底为什么要强调共生？”马古利斯回答：“因为共生事实上存在。”这个小小的交流展示了两位辩论参与者的不同观点。一边是道金斯，一个理论的热衷捍卫者，他考虑了所有加强他理论的经验证据，而对与之相矛盾的证据置之不理。另一边是一位女科学家，她首先以非常冷静的方式进行观察，确定什么是存在的，然后才发展出解释事实状况的理论。

但是，反叛者林恩·马古利斯和新达尔文主义者之间的辩论不仅仅是关于共生是所有高等生命形式的起源这一事实。根据马古利斯的说法，恰恰是这些向合作和共生的大踏步迈进是进化的主要组成部分。通过她的理论可以证明，由于新连接的出现，整个系统突然以一种完全不同的方式运行，而不再是单个元素相互平行和分开独立地逐渐演化。这部分解释了达尔文曾经提出的谜团之一。达尔文的理论只能解释个体物种的逐渐变化，而不能解释全新的结构或特征的出现。马古利斯认为，通过物种之间新的关系和新的相互作用，例如合作共生或互惠，产生了新的系统；共生起源只是一个例子。马古利斯表示，生命通过新的、主要是积极的合作关系的出现征服世界，但这些关系主要发生在微观生物学层面，在宏观生物学层面很容易被忽视。

4. 人类与微生物合作：经典的互惠主义

你肯定知道地衣，这些石头和岩石上的浅绿色到深绿色的，有时呈锈红色的斑点。大多数人认为地衣是一种植物，因为它们通常是绿色的。实际上，这是一种不同寻常的生命形式，涉及的是不同生物体组成的生命联合体。大约5%的地球表面覆盖着地衣，它们到处生长，但通常生长得非常缓慢，在大多数情况下每年只生长1毫米。但是，它们可以变得很老，它们是最长寿的生物体之一，一些标本的年龄在4 500—8 500年之间。地衣通常由一个真菌物种和一个藻类或蓝细菌物种组成（见图7–4）。藻类或蓝细菌通过光合作用为生命联合体提供能量，真菌不是植物，无法自己进行光合作用。真菌为藻类提供保护，并为伙伴生物提供有利条件。这是经典的互惠主义。有趣的是，生命联合体的参与者也可以单独生活，即不形成地衣，但是这样的话就会具有完全不同的形式。因此，地衣是可选的生物。外观、形状、

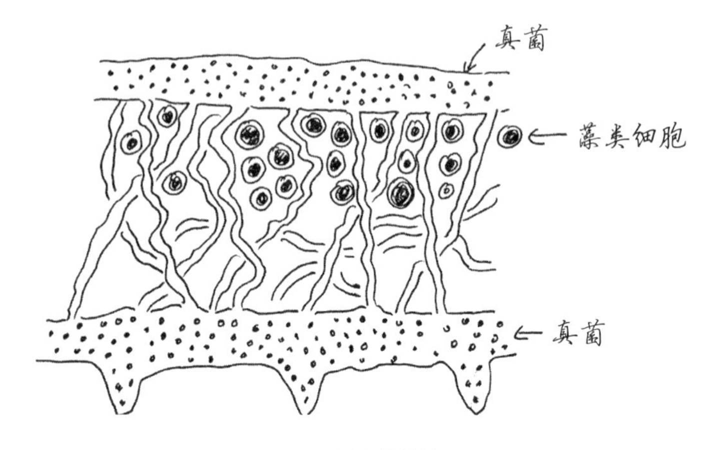

图 7–4　地衣的结构。

结构和形态取决于哪种类型的真菌与哪种类型的藻类形成联合体一起生活。很有趣，因为地衣在其表型中形成了一个有机整体，变异和选择的进化机制不再仅仅影响所参与的单个真菌或藻类物种，而是直接对联合体产生影响。

这恰恰是林恩·马古利斯的观点，她曾经指出，大自然征服地球不是通过竞争，而是通过合作。其中，合作的原则远远超出了简单的互惠共赢的范畴。通过合作，产生了一个新的有机整体，在进化的动态过程中出现了一个新的参与者。地衣是共生生物，这在 20 世纪 70 年代就已经为人所知，但它们更多地被视为一种例外现象，一种自然界的变种。

5. 全生物概念：相互作用与协同合作

然而，渐渐地，越来越多的有机生物体组成的合作联合体被发现，尤其是高等动植物与微生物之间。现在人们已经知道，没有任何一个动物或植物物种是没有与微生物合作联系而生存的，一个也没有。每一种植物、每一种动物体内或者身上都携带着对整个生物体的生存和健康至关重要的微生物。我在“临界要素”一章中简短地提到，单单在我们的消化系统内、咽喉内和皮肤上就生活着数千种细菌。但是，我们人类在这一关系中并没有任何特别之处。在此期间，微生物组这个概念，即生活在我们体内和身上的全部微生物，已经在我们熟悉的用语中确立了自己的地位。人体血液中超过 30% 的物质不是由人类自身制造的，而是由生活在人体中的细菌制造的。如前所述，一个人由大约 100 万亿个人体细胞组成。生活在人体消化道中的细菌细胞大约有着相同的数量，甚至更多。所以当谈到细胞的绝对数量时，我们人和细菌称得上平起平坐。

所有生物与微生物的合作是非常多样化的。在大多数脊椎动物的消化系统中，它们形成灵活的生态系统，例如适应宿主的摄食习惯。人们可以将微生物组描述为一种额外的、可调节的器官。在其他不同物种中，合作是非常具有独特性的。我们来看看常见的（但又非常有趣的）豌豆蚜虫（见图 7–5）。在它的体内人们会发现大约 80 个特殊的身体细胞，即所谓的细菌细胞。如果将这些细胞放在显微镜下仔细观察，你会发现它们里面有一种叫作“内共生菌”的微小细菌。仅仅在 80 个细菌细胞中就生活着最多达 500 万个微小细菌。它们在那里做什么？它们帮助蚜虫进行新陈代谢，例如通过进一步加工处理糖分子和氨基酸。蚜虫将这项任务委托给了细胞内部的细菌。通过雌性蚜虫产下的卵，这些内共生细菌被继续传给下一代。这种情况已经持续了 1 亿到 3 亿年，很长的时间，远在霸王龙居住在地球之前，并且在存在复杂生命的地球历史中占据几乎一半时间。所以豌豆蚜虫与内共生菌的伙伴关系真的非常持久，既长久又紧密，以至于内共生菌在此期间简直失去或者说随着进化抛弃了

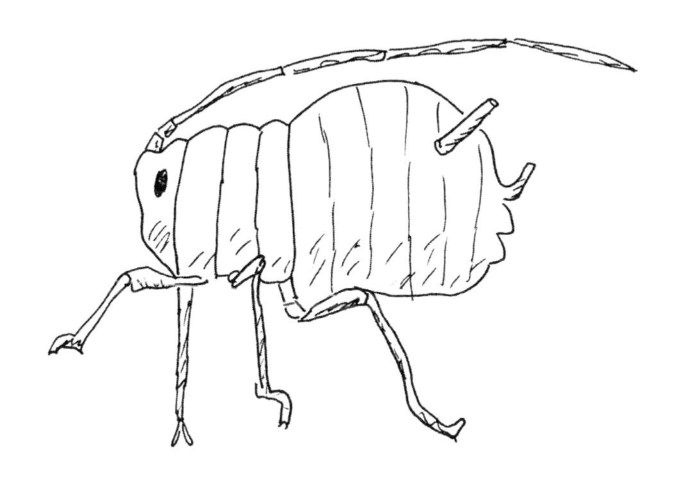

图 7–5　蚜虫。

它们自身的很大一部分遗传物质。由于这种细菌总是在蚜虫宿主细胞的巢穴中居住，并且在那里繁殖，所以许多原本是在宿主细胞外生存所需的基因现在不再是必需的了。内共生菌具有所有生物中最小的基因组之一。

另一种细菌有个美丽的名称，叫作“威格尔斯沃思氏菌”，生活在舌蝇的细菌细胞中，而舌蝇也发现了有效共生对自身的价值。还有无数其他的昆虫种类将内共生细菌视为“宠物”，其中包括蟑螂。但是，也有其他动物进入了迷人的共生关系。例如，有这样一种名为“卷身罗斯考夫蠕虫”的小蠕虫。这个种类的蠕虫在出生时有一张“嘴巴”，但缺少整个消化系统，这可能会让人感到奇怪。幼年的蠕虫吃微藻，然后这些微藻直接爬到蠕虫的皮肤下，在那里繁殖和定居。随着蠕虫的生长，它会失去嘴巴，并且在其整个生命中再也不会直接进食，因为从此，进行光合作用的微藻为蠕虫提供能量和营养。

最后一个例子特别有趣。侏儒乌贼——“夏威夷短尾乌贼”体长只有 3 厘米（见图 7–6），会面临许多捕食者的威胁，于是它想出了一种特别聪明的保护形式。为了在夜间

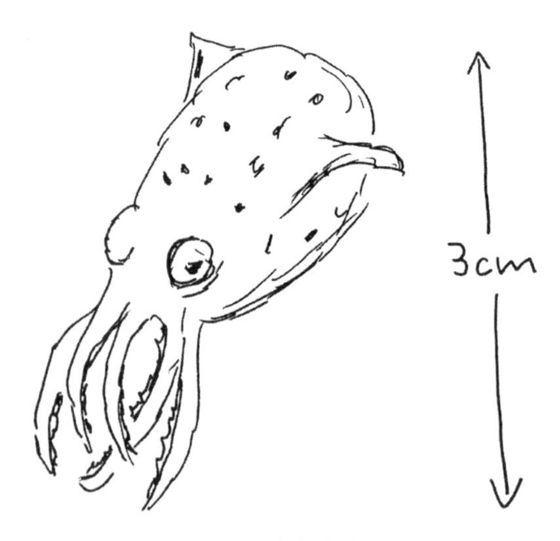

图 7-6　侏儒乌贼。

不被月光投下阴影，引来掠食性鱼类的注意，夏威夷短尾乌贼自己发出光亮。然而，生物发光（生物体产生光亮的能力）并非来自夏威夷短尾乌贼本身，而是来自一种生物发光细菌——费氏弧菌。当夏威夷短尾乌贼出生时，体内还没有细菌定居和繁殖，夏威夷短尾乌贼通过一个复杂的过程从环境中吸收细菌，在这个过程中，单个细菌通过一个只有这些细菌可以通过的通道被输送进入生物发光器官。在这个器官中，细菌从夏威夷短尾乌贼那里得到营养，并且进行繁殖。每天早上，大约 90% 的细菌会被再次释放回环境中，供其他新生夏威夷短尾乌贼吸收。与昆虫的细胞内细菌相比，夏威夷短尾乌贼与费氏弧菌的合作相当松散。

在这一点上，我们或许可以描述许多更有趣的合作共生关系，因为在自然界的各处，所有生命形式都与微生物世界共生并且合作。这也并不足为奇，因为在第一批更复杂的多细胞生物出现之前，细菌和古细菌已经在世界上居住了数亿年。科学家斯科特·吉尔伯特、扬·萨普和阿尔弗雷德·陶伯在一篇关于这一主题的重要学术论文的标题中总结了我们解释生物的这个转折点："共生的人生观，我们从来都不是个体。"——我们从来都不是个体。由于所有高等生命形式都无一例外地与微生物联系在一起，因此必须假定，自大约5亿年前复杂生物出现以来，与微生物的共生关系已经存在。这些结论对进化论来说是影响深远的，因为关于自然现象的经典进化论观点从根本上取决于个体及其适应性的原则。但是很显然，个体的概念充其量只是对现实的粗略近似。

对于几乎所有的高等生命形式而言，与微生物的相互作用都是必不可少的。许多慢性的人类疾病是由功能失调的微生物组引起的。所有反刍动物和食草动物基本上都依赖其消化系统中的细菌来分解纤维素，并将其分解成更小的分子成分。在实验室中完全在无菌，即没有微生物组（这其实并不容易）状态下人工繁殖的小鼠死得很早。一些研究表明，那些在农村长大，并且与自然界的微生物和“污垢”接触较多的儿童，患过敏症的比较少见。在许多哺乳动物中，排泄器官和产道在物理上相距并不远，因此婴儿在出生时就可以同时被重要的肠道细菌所“感染”和定植。

一旦在思想上采取了瓦解个体原则这一步骤，就必须重新考虑整个进化过程。1991年，林恩·马古利斯创造了“全生物”这一概念来表示这种生物的结合，即宿主生物和所属的微生物的整体。这样看来，全生物的自然选择意味着首先是选择参与者之间的关系，而不是选择单个元素。人们不能再孤立地、单个地看待物种，连接网络中存在着结构和复杂性。然而，马古利斯所认为的全生物的概念更加广泛，并没有将其局限于微生物与高等动物或植物的合作。我在“临界要素”一章所描述的生态网络中，个体物种通过复杂的关系相互连接在一起。

林恩·马古利斯与生物物理学家詹姆斯·洛夫洛克将这一概念应用于整个生物圈，并在20世纪70年代中期提出了盖亚假说。根据假说，地球的生物圈是一个自我调节系统，由于相互作用的机制，系统为进化和稳定创造了最佳条件。为了形象地说明这一理念的合理性，詹姆斯·洛夫洛克和安德鲁·沃森于1983年一起开发了计算机模拟模型“雏菊世界”。

假设在某个星球上，只有两种雏菊可以繁殖：开白色花朵的雏菊和开黑色花朵的雏菊（见图7-7）。白色雏菊反射更多的光线，并且冷却周围的环境；而黑色雏菊吸收更多的光，并且温暖周围的环境。在模拟中，太阳的辐射逐渐增加，象征着外部条件的逐渐变化。起初只

图 7–7　雏菊世界。

有黑色雏菊会生长，因为它们通过吸收阳光在周围创造了一个温暖的微气候，从而促进了它们的生长。这对于白色雏菊也是有好处的，它们在黑色雏菊周围的温暖环境中也能很好地生长绽放，这样在黑色和白色雏菊之间出现了平衡。但是，如果渐渐地太阳的光照越来越强，雏菊世界的温度就会持续不断上升，直到由于环境温度过高而导致两种雏菊的外部条件恶化。雏菊开始死亡，但是黑色雏菊死得更快，因为它们仍在加热周边的空气，而白色的雏菊在冷却周围环境。然后，白色雏菊品种繁殖得更多，使星球表面大幅度降温，这反过来也改善了黑色雏菊品种的条件。尽管太阳辐射强度逐渐变化，这些间接的合作效应不仅确保了这两种雏菊的继续生存，还将星球地表温度调节到恒定的水平。如同马古利斯的共生理论一样，尽管盖亚假说得到了各种实证研究结果的支持，但一直以来始终存在争议，然而有趣的是，随着生物群落对气候具有调节作用的例子越来越多，近年来，盖亚假说在气候科学家和生态学家中再次盛行起来。

6. 进化博弈论：自然界合作策略的学习与应用

自然界中合作效应的普遍性和多样性以及共生和互惠"仅仅"是以实践为依据的事实，这些过程在社会、经济或政治过程中发挥了多大作用，目前尚未确定。与所有复杂系统一样，需要一种可以以同样方式描述生物进化过程和社会过程的理论或模型，解释合作的核心——出于什么原因以及在什么条件下会出现合作。合作是稳定的，并能在面对如基于竞争和争斗的系统时占据上风。

在 20 世纪 50 年代中期，一些非常知名的科学家思考出了一个理论框架，这个框架将成为合作或非合作战略的统一理论。当时最重要的人物之一是进化生物学家约翰·梅纳德·史密斯（1920—2004）。为了更好地理解进化过程，他运用了经济学的思想。他被视为进化博弈论的发明者。粗略概括而言，就是试图将自然过程和社会过程描述为参与者之间的博弈形式，其中个体参与者追求不同的策略，力争实现收益的最大化或损失的最小化。理解这一点的最简单方法是通过范例说明，例如十分著名的囚徒困境。

两个作案人，我们称为 A 和 B，被警察抓获，涉嫌一起犯下两项罪行，一项是比较轻微的，一项是重大的。警察只对比较轻微的罪行有足够的证据。两名囚犯被单独审讯。如果两人都沉默不语，无法证明他们犯下重大的罪行，两人会因比较轻微的罪行各被判刑一年。如果 A 背叛 B，并且供认两项罪行，而 B 沉默不语，则 A 由于与警方合作

（宽大处理规定）根本不用坐牢（零年监禁），而B由于两项罪行获刑三年。如果A和B通过供认罪行相互背叛，则两人各被判刑两年。因此，A和B必须仔细考虑他们将要采取的行为方式。即便他们设想同伙会保持沉默，但更好的选择还是告发同伙，这恰恰也是同伙的想法。如果为此写下数学方程式，人们会发现，坦白认罪，即背叛同伙，在策略上显得更好。尽管这样两人都被判入狱两年，比他们通过合作拒不认罪而多一年。从个体的角度来看，合作并不是最好的策略，对这两人的好处却是最大的。这种效应被称为“公地悲剧”。

在大多数这种类型的模型中，合作被描述为具有更高投资，即具有成本的行动，而且，只有在所有人都参与的情况下才会产生高利润，而产生的利润再次在所有人之间分配共享。背信者，即那些不合作的人，不用承担合作的成本，但是却分享利润。因此，从策略上讲，他们始终是有优势的。

另一个模型更清楚地表明了这一点。我们设想一下，一组10个人一起存钱，然后将钱投入高回报的投资。假设每个人都可以（匿名）将100欧元投入储蓄罐。用这笔钱进行投资，并增长了500%。然后将收益支付给所有参与人员。如果所有人都参与了存钱，合计存入1 000欧元，投资后收回5 000欧元，每个人分到500欧元，这样就有400欧元的净利润。但是如果只有8个人付了钱，而有2个背信者没有往存钱罐里放钱，那么最后4 000欧元将分给10个人。诚实的储户得到了300欧元的利润，但背信者的利润达400欧元，因为他们没有存入一分钱。如果每个人都遵循自私的策略，那么将钱存入储蓄罐的人会越来越少，直到最后没有人获得利润。

进化博弈论被用作解释各种进化过程的基础，特别是被用于描述自然界中的各种战略争斗情况，这为新达尔文主义加固了基础。但是，一个理论必须始终解释观察到的现象，如果这个理论做不到这点，它就不会变得更加正确，因为它只是忽略了与之不相符的现象。但是，由于自然生命形式之间的合作是常规而不是例外，因此一个不能领会这一普遍因素的理论到底有多好，是值得怀疑的。

事实上，关于合作产生的许多理论工作都集中在博弈论方法的扩展上。克里斯托夫·豪尔特、西尔维娅·德·蒙特、约瑟夫·霍夫鲍尔和卡尔·西格蒙德开发了一个非常有趣的模型。它以刚刚描述的模型为基础，个体共同存钱投资，并且分享收益。参与者只有两种选择：将钱投入储蓄罐（合作），或者放弃（背信者）。在扩展模型中还有第三种选择：不参与博弈，自己独立投资，但只能获得较小的利润。与没有背信者的群体相比，独行者获得的结果更差。但是，如果群体中的背信者数量增加而利润份额变得越来越少，对于个体而言，到了某一时刻离开群体并选择独行者策略是有意义的。然后，群体越缩越小，背信者比例过大导致利润下降。最终，整个种群趋于稳定，其中背信者、独行者和由合作者组成的小群体保持稳定的平衡。不参与合作倡议的选择给合作带来了稳定。合作者、背信者和独行者的主导地位也可能周期性地交替出现。如果一开始大家都合作，背信者的数量增加了，那么就采取独行者策略，直到所有的背信者都消失了，就值得再次合作了。

当然，问题在于，这样简单的数学模型是否也正确地描述了现实。进化生物学家迪尔克·塞曼、数学家汉斯·于尔根·克兰贝克和内陆水域研究员曼弗雷德·米林斯基研究了这个问题。他们与 280 名大学第一学期新生进行了一项实验，模拟了模型游戏。大学生在每轮游戏中有赌注 10

欧元，并能够匿名遵循所述的三种策略。科学家们确实能够在几轮游戏中测量这些策略的周期。

所有这些令人回想起地衣——由真菌和藻类组成的共生生物，并且令人回想起细菌和动物之间的共生互惠关系，这一关系通常是可选的。因此，自愿的标准似乎显得很重要，也就是说，除了合作之外还有其他选择。如果是被迫合作，那么最终生存下来的只有背信者。

由于合作是生物和社会系统中如此重要的元素，因此人们可以假设，已经发展出各种用来稳定合作的机制。1998 年，马丁 · 诺瓦克和卡尔 · 西格蒙德发表的模型展示了一个简单而有趣的机制。其基础是由一群不同的模式化人物组成的，他们可以为彼此做些好事。例如，A 可以帮助 B，援助给 A 造成了成本，并且使 B 获得收益。假设 B 的收益大于 A 的成本，那么大家互相帮助就有意义了，因为对于所有人来说，总收益将会大于总成本。但是，如果有一个人决定不去帮助别人，而自己始终得到帮助，那么这个人只有收益，没有成本，这会再次导致无人伸出援手——公地悲剧。

诺瓦克和西格蒙德为他们的模式化人物添加了另一

个数值。每个人都有一个所有人均可以看到的个人形象，这一形象可以是正面的或负面的。当人们帮助他人时，形象的数值就会增长；当他们不去帮助他人时，数值就会下降。每个个体可以采取不同的策略。例如，不在乎受助者的形象，总是乐于助人。或者只帮助那些形象数值非常高的人。评估表明，差异化策略获得认同，即只帮助有正面形象的人（就是曾帮助过他人的人）。然而，随着时间的推移，模式化人物的群体经历了周期。合作阶段与没有合作的阶段交替出现。

不久之后，阿尔农·洛特姆、迈克尔·A. 菲什曼和莱维·斯通提出了这一模型的进一步扩展。他们考虑到，由于某种原因，群体中可能有些人即使主观上愿意，但是在客观上也没有能力帮助他人。令人感到有趣的是，随着时间的推移，这些依赖别人的帮助，但自己无法提供帮助的人稳定了种群中的合作。

在此期间，越来越多的进化论学者、社会科学家和经济学家从事合作现象的研究。然而，目前所有的模型仍然基于将个体作为具有个体特征、个体适应度、个体成本或者个体优势的、基本的、可进化单元的概念。目前还没有一个具有说服力的理论可以摆脱个体概念。尤其是微生物学领域关于合作和网络的认识，以及关于自生命开始以来就稳定存在的全生物、共生和互惠的认识，提供了替代视角和新的思维出发点，因为它们边缘化了新达尔文主义、竞争、斗争和个人主义的基本原则。这些思维出发点正在被一小部分但不断壮大的科学家群体所使用，为一个更加协调的进化理论奠定理论基础。也许在未来，一旦搞清楚自然界中的关系是根据哪些规则来发生变化和被选择的，或许也可以从这些新的思维模式中为社会找出答案。100年来，新达尔文主义和社会达尔文主义相互滋生，导致了灾难性的生活和经济观念：无节制的增长、垄断性的企业集团、千篇一律和多样性的丧失。或许是时候了，我们应当学习大自然的成功战略，并且在社交机构和社会结构中加以采用，这个战略就是——合作。

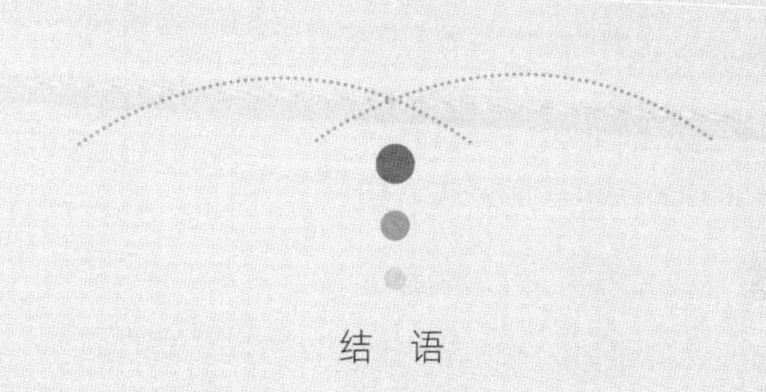

结　语

头球制胜

曼尼弧旋球传中，

我头球，进啦！

霍斯特·赫鲁贝施（1951— ），德国足球运动员

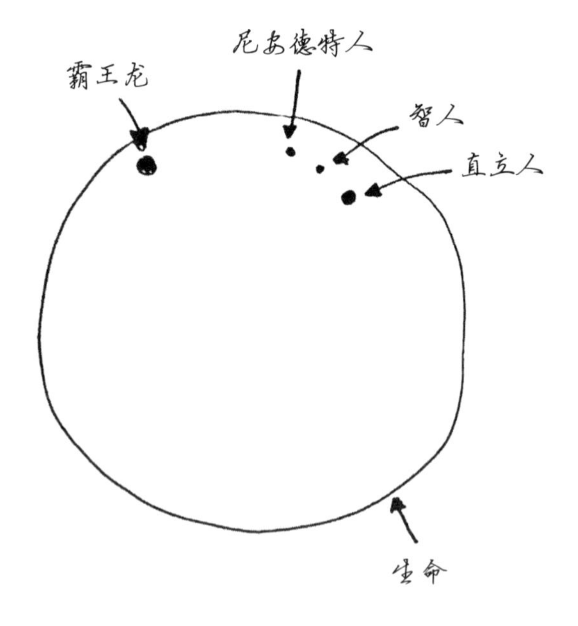

尼安德特人在4万年前就灭绝了。按照小时候我学到的知识是，尼安德特人是现代人类的先驱，是从猿猴进化而来的猿人，肌肉发达，有些笨，具有粗大运动技能，具备说话的能力，毛发浓密，深色皮肤，身体赤裸或者最多只穿戴腰布。就是猿人的模样。

如今我们知道，虽然尼安德特人是属于与现代人类不同的智人，但他们在几乎所有方面都与我们人类势均力敌。早在我们之前，他们就生活在欧洲和亚洲。尼安德特人会说话，他们埋葬死者，他们会聪明地集体狩猎，制作生产工具、狩猎武器和艺术品。他们会用火，穿自制的衣服，他们的大脑容量比现代人的更大。即便是突起的眉脊这一标志性特征，也可能是当时的一种流行时尚，因为那个时代的“现代人”也有。直到后来，突起的眉脊才在容貌上随着进化逐渐消失。此外，尼安德特人的肤色或许要比克罗马农人浅，后者可能是第一个从非洲来到欧洲并成为我们祖先的现代人的小型定居者群体。

尼安德特人和现代人类在欧洲并肩生活了大约 4 000 年。还不仅仅如此。显然，尼安德特人和智人也四处迁移，并在各处有过亲密接触，因为今天的欧洲人和亚洲人的基因中含有明显的尼安德特人痕迹，大约有 2.5% 的遗传基因留存在我们体内。这也许是对尼安德特人种的一个小小的安慰，他们在地球上短暂出现了大约 10 万年，随后便几乎是悄无声息地消失了。目前尚不清楚尼安德特人是否被现代人主动取代。更大的可能是，他们只是繁殖速度太慢，并且来回迁移太多。至今仍然缺乏尼安德特人与现代人直接冲突的证据。从物种的角度来看，尼安德特人的消失是一场悲剧。并且从人类作为目前最后代表的整个智人物种的角度来看，无疑也是一场悲剧。直立人、弗洛勒斯人、海德堡人、埃加斯特人和一大把人类其他物种，除了直立人之外，都只存在了短暂的时间。但从星球的角度来看，这绝对不是一场悲剧。

地球大约有 45 亿年的历史，37 亿年前地球上就有生命。一些科学家认为，甚至早在 42 亿年前，这个星球上就存在生命。如果我们把地球的历史压缩成一部时长 90

分钟的故事片，尼安德特人的出现大约持续十分之一秒，还不到一眨眼的时间。在过去的40亿年里，生物圈产生了几乎令人难以置信的丰富生命。在地球历史上，所有物种至少有99.9%已经灭绝。仅在过去的5亿年中，地球就经历了5次极端的生物大规模灭绝。地球经历了各种各样的冰川期和火热期，一些科学家认为，在距今6亿年前，地球几乎完全被冰层覆盖了2亿年（雪球地球）。尽管如此，生命还是存活了下来。

25亿年前，地球上存在生命已有大约10亿年了，当时地球上的生物都不需要氧气。事实上，直到那时，蓝藻的前身，一种小型的单细胞生命形式，才开始通过光合作用产生大量氧气作为废物，直到大气中的氧气比今天的还多。因为当时氧气对大多数生命形式是有毒的，所以导致了生物大规模灭绝（所谓的大氧化事件）。蓝藻如今仍然存在，而且数量不少。蓝藻物种海洋原绿球藻是所有生命形式中个体数量最多的一种，在我们的大气中产生很大一部分氧气，据估计在13%到50%之间。你每呼吸两次，就会吸入原绿球藻产生的氧气。在海洋中，生活着无数原绿球藻单细胞生物。然而，它直到1992年才被发现和予以描述（该物种的单个细胞非常之小）。

我们可以从尼安德特人和蓝藻身上学到什么呢？首先，我们可以看到，作为智人属的成员，我们不一定适合作为一个物种在这个星球上存在特别长的时间。智人可能更像是一种进化的边缘现象，所带的物种显著特点是倾向于昙花一现。其次，我们需要认识到，智人不是唯一的一种持续不断且不可逆转地改变全球环境的生命形式。我们只是在相对较短的时间内做到这一点，而且与蓝藻不同，我们很有可能不能在这种环境中继续生存。我们对于地球上的生命实际上是微不足道的，认识到这一点，就可以更清楚地看到克服当前众多危机的真正意义，这些危机包括气候危机、数字化的后果、全球化、生物多样性丧失、金融和经济危机、人口过剩和饥荒，最终拯救我们人类自己这一可笑的物种。

目前看来，如果保持头脑清醒地看待这个问题的话，我们无法做到这一点。若你喜欢足球，那么你会知道当你最喜欢的球队在补时阶段以 0∶3 落后，而你自己却无能为力的感觉。你只能在一旁眼睁睁地看着。实际上你也可以离开球场回家，或者关上家里的电视机。但是，心中仍然闪现出一线希望。小时候我喜欢看足球，我还记得1980年欧洲足球锦标赛决赛，德国对阵比利时，还记得霍斯特·赫鲁贝施。比赛进行到88分钟，场上比分为1∶1，我当时10岁，在电视机前再也坚持不下去了，我跑回自己的房间，躺倒在双层床上，握紧拳头，闭起眼睛。然后，我听到了从客厅传来的父母的欢呼声，霍斯特·赫鲁贝施头球建功，将比分改写为2∶1。“曼尼弧旋球传中，我头球，进啦！”这或许是最知名的赫鲁贝施名言。我只记得孩童时期很少几个纯粹狂喜的时刻，这一时刻是其中之一，它甚至使我在挪威当童子军的经历和克劳斯·克莱因威希特穿越消防水塘都黯然失色。有趣的是，当时我总是把希望寄托在霍斯特·赫鲁贝施身上，而他从未让我失望过。

尽管人类的处境近乎毫无希望，例如令人感到压抑和令人担忧的现实、政治上的漠不关心、许多同胞对现实扭曲到荒诞的描述、被煽动的群众情绪、独裁者以及我们再次幸免于难的极小概率，但我还是看到了一线希望。就像当年一样。可惜的是，复杂性科学和本书并没有为拯救人类提供任何操作指南，但是或许提供了一套工具，可以帮助我们识别困境中的模式，思考危机的规律，接纳并且理解不同的观点，并且了解一切是如何联系在一起的，运用反学科思维，识别基本机制而不是迷失在细节中，识别现象之间的联系，从相似之处学习。因为只有相似之处才有结合力。从差异中不能推导出任何东西，你唯一能做的只有确认和列举差异。

如果我们都像霍斯特·赫鲁贝施一样多一些勇气，也许我们还有机会。赫鲁贝施是一个无私的、有团队合作精神的球员。他的成就来自与他人的合作。在球场上，他是球队的一分子，是一个球员组成的复杂网络的一部分，在集体中的行为表现特别有成效，朴实，谦虚，安静，但高大。如果有人可以应对解决困难局面，那就是霍斯特·赫鲁贝施。他可以将一场已经被认为要输掉的比赛翻盘。他总是全力以赴地冲在前面，面对落后的局面“贡献出他的额头”，他几乎总是用头球来解决问题。打个比方，我们现在必须像霍斯特·赫鲁贝施一样，面对问题和危机，贡献出我们的额头，全身心投入，用上我们的头球，即使这会引起一些头痛。而且就像队友曼尼·卡尔茨能够踢出漂亮的弧旋球一样，我们必须在这儿、在那儿，在也许没有人预料到的地方，跳出框框思考，看到联系。让我们在思维上进行一次侧翼进攻，并且在最后时刻扭转乾坤，一击制胜。

参考文献

Zitat S. 9: Lynn Margulis, Der symbiotische Planet (2018). Abdruck mit freund-licher Genehmigung des Westend Verlags.

1 May, R. M., Levin, S. A. & Sugihara, G. Ecology for bankers. *Nature* 451, 893-894 (2008).

2 Hufnagel, L., Brockmann, D. & Geisel, T. Forecast and control of epidemics in a globalized world. *PNAS* 101, 15 124-15 129 (2004).

3 May, R. M. & Lloyd, A. L. Infection dynamics on scale-free networks. *Phys. Rev. E* 64, 066112 (2001).

4 May, R. M. Simple mathematical models with very complicated dynamics. *Nature* 261, 459-467 (1976).

5 Dietz, K. & Heesterbeek, J. A. P. Daniel Bernoulli's epidemiological model revisited. *Mathematical Biosciences* 180, 1-21 (2002).

6 Kermack, W. O., McKendrick, A. G. & Walker, G. T. A contribution to the mathematical theory of epidemics. *Proceedings of the Royal Society of London. Series A, Containing Papers of a Mathematical and Physical Character* 115, 700-721 (1927).

7 Huygens, C. *Oeuvres completes de Christiaan Huygens. Publiees par la Societe hollandaise des sciences.* 1-644 (M. Nijhoff, 1888). Übersetzung des Autors.

8 Elton, C. & Nicholson, M. The Ten-Year Cycle in Numbers of the Lynx in Canada. *Journal of Animal Ecology* 11, 215-244 (1942).

9 Buck, J. & Buck, E. Synchronous Fireflies. *Scientific American* 234,

74-85 (1976).

10 Cooley, J. R. & Marshall, D. C. Sexual Signaling in Periodical Cicadas, Magicicada spp. (Hemiptera: Cicadidae). *Behaviour* 138, 827-855 (2001).

11 Neda, Z., Ravasz, E., Brechet, Y., Vicsek, T. & Barabasi, A.-L. The sound of many hands clapping. *Nature* 403, 849-850 (2000).

12 Saavedra, S., Hagerty, K. & Uzzi, B. Synchronicity, instant messaging, and performance among financial traders. *PNAS* 108, 5296-5301 (2011).

13 Anderson, R. M., Grenfell, B. T. & May, R. M. Oscillatory fluctuations in the incidence of infectious disease and the impact of vaccination: time series analysis. *J Hyg (Lond)* 93, 587-608 (1984).

14 Grenfell, B. T., Bj0rnstad, O. N. & Kappey, J. Travelling waves and spatial hierarchies in measles epidemics. *Nature* 414, 716-723 (2001).

15 Acebr6n, J. A., Bonilla, L. L., Perez Vicente, C. J., Ritort, F. & Spigler, R. The Kuramoto model: A simple paradigm for synchronization phenomena. *Rev. Mod. Phys.* 77, 137-185 (2005).

16 Strogatz, S. H., Abrams, D. M., McRobie, A., Eckhardt, B. & Ott, E. Theoretical mechanics: crowd synchrony on the Millennium Bridge. *Nature* 438, 43-44 (2005).

17 Albert, R., Jeong, H. & Barabasi, A.-L. Diameter of the World-Wide Web. *Nature* 401, 130-131 (1999).

18 Ugander, J., Karrer, B., Backstrom, L. & Marlow, C. The Anatomy of the Facebook Social Graph. *arXiv:1111.4503* (2011).

19 Lusseau, D. *et al.* The bottlenose dolphin community of Doubtful Sound features a large proportion of long-lasting associations. *Behav Ecol Sociobiol* 54, 396-405 (2003).

20 Stopczynski, A. *et al.* Measuring Large-Scale Social Networks with High Resolution. *PLOS ONE* 9, e95978 (2014).

21 Kumpula, J. M., Onnela, J.-P., Saramäki, J., Kaski, K. & Kertesz, J. Emergence of Communities in Weighted Networks. *Phys. Rev. Lett.*

99, 228701 (2007).

22 Barabasi, A.-L. & Albert, R. Emergence of Scaling in Random Networks. *Science* 286, 509-512 (1999).

23 Liljeros, F., Edling, C. R. & Amaral, L. A. N. Sexual networks: implications for the transmission of sexually transmitted infections. *Microbes and Infection* 5, 189-196 (2003).

24 Boguiia, M., Pastor-Satorras, R. & Vespignani, A. Absence of Epidemic Threshold in Scale-Free Networks with Degree Correlations. *Phys. Rev. Lett.* 90, 028701 (2003).

25 Cohen, R., Havlin, S. & ben-Avraham, D. Efficient Immunization Strategies for Computer Networks and Populations. *Phys. Rev. Lett.* 91, 247901 (2003).

26 Siehe Anmerkung 6.

27 Bak, P., Tang, C. & Wiesenfeld, K. Self-organized criticality: An explanation of the 1/f noise. *Phys. Rev. Lett.* 59, 381-384 (1987).

28 Drossel, B. & Schwabl, F. Self-organized critical forest-fire model. *Phys. Rev. Lett.* 69, 1629-1632 (1992).

29 Eldredge, N. & Gould, S. Punctuated Equilibria: An Alternative to Phyletic Gradualism. *Models in Paleobiology* vol. 82, 82-115 (1971).

30 Bak, P. & Sneppen, K. Punctuated equilibrium and criticality in a simple model of evolution. *Phys. Rev. Lett.* 71, 4083-4086 (1993).

31 Clauset, A., Young, M. & Gleditsch, K. S. On the Frequency of Severe Terrorist Events. *Journal of Conflict Resolution* 51, 58-87 (2007).

32 Waddington, C. H. *Organisers and genes*, Cambridge (1940).

33 Kauffman, S. Homeostasis and Differentiation in Random Genetic Control Networks. *Nature* 224, 177-178 (1969).

34 Zilber-Rosenberg, I. & Rosenberg, E. Role of microorganisms in the evolution of animals and plants: the hologenome theory of evolution. *FEMS Microbiology Reviews* 32, 723-735 (2008).

35 May, R. M. *Stability and complexity in model ecosystems.* (Princeton University Press, 2001).

36 May, R. M. Thresholds and breakpoints in ecosystems with a multi-

plicity of stable states. *Nature* 269, 471-477 (1977).

37 Scheffer, M. *et al.* Early-warning signals for critical transitions. *Nature* 461, 53-59 (2009).

38 Scheffer, M., Carpenter, S., Foley, J. A., Folke, C. & Walker, B. Catastrophic shifts in ecosystems. *Nature* 413, 591-596 (2001).

39 Lenton, T. M. *et al.* Tipping elements in the Earth's climate system. *PNAS* 105, 1786-1793 (2008).

40 Alley, R. B., Marotzke, J., Nordhaus, W. D., Overpeck, J. T., Peteet, D. M., Pielke Jr., R. A., Pierrehumbert, R. T., Rhines, P. B., Stocker, T. F., Talley, L. D. & Wallace, J. M., Abrupt Climate Change. *Science* 299, 2005-2010 (2003)

41 Dakos, V. *et al.* Slowing down as an early warning signal for abrupt climate change. *PNAS* 105, 14 308-14 312 (2008).

42 Centola, D., Becker, J., Brackbill, D. & Baronchelli, A. Experimental evidence for tipping points in social convention. *Science* 360, 1116-1119 (2018).

43 Davidovic, S. *The ecology of financial markets.* (Dissertation, Humboldt-Universität zu Berlin, Lebenswissenschaftliche Fakultät, 2016).

44 Bascompte, J. Structure and Dynamics of Ecological Networks. *Science* 329, 765-766 (2010).

45 Vicsek, T., Czir6k, A., Ben-Jacob, E., Cohen, I. & Shochet, O. Novel Type of Phase Transition in a System of Self-Driven Particles. *Phys. Rev. Lett.* 75, 1226-1229 (1995).

46 Couzin, I. D., Krause, J., James, R., Ruxton, G. D. & Franks, N. R. Collective Memory and Spatial Sorting in Animal Groups. *Journal of Theoretical Biology* 218, 1-11 (2002).

47 Rosenthal, S. B., Twomey, C. R., Hartnett, A. T., Wu, H. S. & Couzin, I. D. Revealing the hidden networks of interaction in mobile animal groups allows prediction of complex behavioral contagion. *Proc Natl Acad Sci USA* 112, 4690-4695 (2015).

48 Ballerini, M. *et al.* Interaction ruling animal collective behavior depends on topological rather than metric distance: Evidence from

a field study. *Proc Natl Acad Sci USA* 105, 1232-1237 (2008).

49 Helbing, D. & Molnar, P. Social force model for pedestrian dynamics. *Phys. Rev. E* 51, 4282-4286 (1995).

50 Helbing, D., Johansson, A. & Al-Abideen, H. Z. Dynamics of crowd disasters: An empirical study. *Phys. Rev. E* 75, 046109 (2007).

51 Helbing, D., Farkas, I. & Vicsek, T. Simulating dynamical features of escape panic. *Nature* 407, 487-490 (2000).

52 Couzin, I. D. & Franks, N. R. Self-organized lane formation and optimized traffic flow in army ants. *Proceedings of the Royal Society of London. Series B: Biological Sciences* 270, 139-146 (2003).

53 Couzin, I. D. *et al.* Uninformed Individuals Promote Democratic Consensus in Animal Groups. *Science* 334, 1578-1580 (2011).

54 Kurvers, R. H. J. M. *et al.* Boosting medical diagnostics by pooling independent judgments. *PNAS* 113, 8777-8782 (2016).

55 Funke, M., Schularick, M. & Trebesch, C. *Populist Leaders and the Economy*. https://papers.ssrn.com/abstract=3723597 (2020).

56 Neal, Z. P. A sign of the times? Weak and strong polarization in the U. S. Congress, 1973-2016. *Social Networks* 60, 103-112 (2020).

57 Holley, R. A. & Liggett, T. M. Ergodic Theorems for Weakly Interacting Infinite Systems and the Voter Model. *The Annals of Probability* 3, 643-663 (1975).

58 Deffuant, G., Neau, D., Amblard, F. & Weisbuch, G. Mixing beliefs among interacting agents. *Advs. Complex Syst.* 03, 87-98 (2000).

59 Chuang, Y.-L., D'Orsogna, M. R. & Chou, T. A bistable belief dynamics model for radicalization within sectarian conflict. *Quart. Appl. Math.* 75, 19-37 (2016).

60 Conover, M. *et al.* Political Polarization on Twitter. *ICWSM* 5, (2011).

61 Holme, P. & Newman, M. E. J. Nonequilibrium phase transition in the coevolution of networks and opinions. *Phys. Rev. E* 74, 056108 (2006).

62 Bail, C. A. *et al.* Exposure to opposing views on social media can

increase political polarization. *Proc Natl Acad Sci USA* 115, 9216-9221 (2018).

63 Darwin, C. *On the Origin of Species by Means of Natural Selection.* (Murray, 1859).

64 Weiss, S. F. After the Fall: Political Whitewashing, Professional Posturing, and Personal Refashioning in the Postwar Career of Otmar Freiherr von Verschuer. *Isis* 101, 722-758 (2010).

65 Gilbert, S. F., Sapp, J. & Tauber, A. I. A symbiotic view of life: we have never been individuals. *Q Rev Biol* 87, 325-341 (2012).

66 Watson, A. J. & Lovelock, J. E. Biological homeostasis of the global environment: the parable of Daisyworld. *Tellus B: Chemical and Physical Meteorology* 35, 284-289 (1983).

67 Hauert, C., Monte, S. D., Hofbauer, J. & Sigmund, K. Volunteering as Red Queen Mechanism for Cooperation in Public Goods Games. *Science* 296, 1129-1132 (2002).

68 Semmann, D., Krambeck, H.-J. & Milinski, M. Volunteering leads to rock-paper-scissors dynamics in a public goods game. *Nature* 425, 390-393 (2003).

69 Nowak, M. A. & Sigmund, K. Evolution of indirect reciprocity by image scoring. *Nature* 393, 573-577 (1998).

70 Lotem, A., Fishman, M. A. & Stone, L. Evolution of cooperation between individuals. *Nature* 400, 226-227 (1999).